# 你若盛开，
# 清风自来

文德  著

中国华侨出版社

北京

# 前言

　　很多女人都想成为别人眼中的焦点，想拥有成功和幸福，但并不是每一个女人都能做到这一点。有的女人费尽了心思却并不能赢得别人的好感；而有些女人不用做什么就能吸引别人的目光，甚至成功与幸福也会不期而至。为什么会有这么大的区别？毫无例外，那些能吸引他人的女人都有着优雅的品性。这就如花与清风，盛开的鲜花，芳香醉人，清风自来。

　　花红不为争春春自艳，花开不为引清风来。优雅的女人，她们的每一个微笑、每一个动作、说出来的每一句话，都能够让人感觉到她们与众不同的气质与魅力。不管是在职场还是在生活中，她们总是可以应对自如，将一切打理得井井有条。所以，好性格的女人，在拥有成功人生方面占有着绝对的优势，因为她们总能在第一时间引起别人的注意，得到别人的帮助和尊敬。

　　只要心中有春，春就在；只要心花盛开，清风就来。一个优雅的女人在人际交往中，总是坦然地呈现最真实的自己，懂得自爱与爱人，她身上散发的魅力使她时刻成为一个受欢迎的人；一个优雅的女人在职场上，谈笑风生，从容自若，不被压力击垮，不为自身情绪所左右，她总能不断激发自身潜能，展示出最好的自己；一个优雅的女人在婚姻中，温婉、宽容、独立，注重在沟通中保鲜自己的爱情，她知道幸福的婚姻是对彼此性格的接纳与完善。你会发现，有她们的地方，就有属于她们的舞台，而且她们必定是舞台上的焦点；优雅的女人从不矫揉造作，她们活得洒脱，不追求浮华，不会有不切实际的欲望，不因虚荣迷失自我，不因贪婪而扭曲自尊；这样的女人拥有一颗平静恬淡之心，她们如一杯清茶，散发着淡淡的清香，如一缕清风，洋溢着花朵的芬芳。

只有修得雅量，才能与幸福有约。人生从来不都是一帆风顺、平平坦坦的，会有起伏跌宕、生离死别，会有名利诱惑、否定怀疑。心若在前行中畏惧疼痛而退缩了、枯萎了，生命便无法绽放光华。唯有学会经营生活、完善自己，你才可以做一朵常开不败的铿锵玫瑰。因此，无论世界变成什么样，你都要安心地做自己。人生不是等待而是创造，命运从来都掌握在自己手中。烦恼的事，放开些；伤心的事，看淡些；苦痛的事，乐观些。人生不长不短、不紧不慢，调整好自己的步调，努力修炼自己、完善自己吧！让性情更优雅，让心灵更平和，让性格更完美，只要你不停下追寻的脚步，幸福和快乐自然一路相随。

# 目录

CONTENTS

## 第五章 心若琉璃，做一道温暖人心的阳光

## 第六章 待人如春风，笃定如秋水

## 第七章 没有一个肩膀能代替一双翅膀

第一章

# 优雅，与年龄无关，
# 与自信有染

## 自信的女人最具吸引力

只有自信的女人，才不会仅把漂亮的容貌当成可靠的朋友，她还会在不知不觉之中用自信彰显深藏在灵魂中的内涵和美丽。

哈佛大学的调查机构曾经做过一项调查，总结出几项男性被调查者所认为的女人令人厌烦的仪态、举动：交谈过程中不敢和人对视，目光犹疑不定；忧心忡忡的神情；被激怒、生气的表情；厌烦的表情；拘谨的站姿；僵硬的步伐；落落寡合的举动。

如果对这些举动稍加分析，就可以发现一个共同点，那就是它们基本上都跟女人的不自信有关。也就是说，自信与否能直接影响到女人的魅力指数。自信能使女人更加漂亮、迷人、性感，更具吸引力；相反，如果少了从容和自信，即便有沉鱼落雁之容、闭月羞花之貌的女人，也会失去吸引力。

自信的女人，无论她的外貌多平凡，也会因为拥有独立人格、真性情，拥有自己的事业和朋友而流光溢彩。因为她懂得将外表、内涵和肢体语言融合为一，以呈现一种独特的、迷人的自然魅力，让人无法抵挡。自信女人的美丽是一种从容到极致所散发出来的美丽。

自信的女人相信自己在任何年龄都能散发出迷人的魅力：20岁时青春靓丽，30岁时有女人味，40岁时善解人意，50岁时的智慧则是年轻人无法拥有的。

自信的女人心态平和，不会故意摆出一副女王的姿态，她们会对趾高气扬、矫揉造作、装模作样的行为嗤之以鼻；自信的女人不会当唠唠叨叨、让人厌烦的碎嘴婆，没事不惹事，有事也会点到为止，不会得理不让人；自信的女人不光待人接物落落大方，不拖泥带水，有主见、有原则，而且会恰到好处地在人前示弱，自然随意地表现女人的温柔乖巧；自信的女人有个性，不过分依赖，不对别人言听计从，不委曲求全，让人觉得她能对自己的行为负责，让人有安全感，可以放心与她交往下去。

自信的女人有自己的事业，她们不把命运的缰绳交到别人的手里，不把希望寄托在男人身上，不会在遭遇男人背弃的时候手足无措，让生活变得一团糟；自信的女人懂得生活，懂得体现自己的人生价值。她们每天都充实地生活，总能带给孩子、爱人、朋友以最灿烂的笑容和赏心悦目的感觉。

自信的女人在爱情中也不会迷失自我，她们会给自己和对方都留出一定的自由空间：既和男人保持一定的距离，又让男人渴望接近。自信的女人不会纠缠，合则在一起，不合则分开。

自信的女人相信自己是男人心目中理想的女人，走在公共场所，她会保持微笑，向那里的男人传递"我可以拥有你们中的任何一个人"的信息，她还会默默告诉自己："我要找出你们当中我最喜欢的那个人"或者"被我看中的男人应该感到幸运"。自信的女人不允许男人对她说："你什么都不用做，我养你一辈子。"

自信的女人不会总是害怕失去爱情，不会一天 24 个小时抓着男人不放。自信的女人对自己的魅力有把握，知道男人逃不脱自己的手掌心。

自信的女人不会依附于任何人，她是独立的，而且能够在生存游戏中掌握主动权。

自信是长期修炼的结果。如果你对自己没有信心，那就给自己一些暗示。先在外表上给自己加分，穿上有品位的服装，穿上漂亮的高跟鞋，化上漂亮的妆容。

女人不自信往往是因为对自己的外表不满意，在穿着打扮上占了上风，你就成功了一半，你会因此体验到无比自信的感觉。

与别人接触的时候，也要注意通过身体语言传达自信的信息，展现出最美、最冷静、最自信的一面：挺胸收腹，立直身体，保持潇洒的体态；放松肩膀和面部肌肉，步伐坚定而缓慢，给人以轻松的感觉；接受对方的凝视，并传递出"我比你更有魅力"的暗示。

古人说"女子无才便是德",那只是把女人变成男人附属品的借口。真正有吸引力的女人是那些多才多艺、有内涵、有头脑、有能力的女人。一个睁眼不知天下事的女人不可能让任何人感到震惊和折服。

无论你是貌若天仙还是相貌平平，只要你能自信地昂起头来，你就是美丽的。自信的女人最具吸引力。

## 把自信当外套，做优雅的自己

自信原本就是一种美，一种持久的美。天生丽质，拥有花容月貌般的女人固然很漂亮，但缺少了自信、优雅、从容、淡定的漂亮未必是美丽的。

对美的追求永远是女人的天性。无论为悦己者，还是为了自己的绽放。现代女性总是不知疲倦地奔走在完美的路途上，她们努力寻找各种各样的方式来修复自身某些瑕疵或者不满意的部位。这些盲目追逐美的女人却不知道，优雅才是女人最美的外衣，是一种永不褪色的美丽。

女人的优雅是娴静之美，润物细无声、若隐若现的美。那一颦一笑，是万绿丛中一点红、动人春色不须多的优雅。女人话要少、妆要淡、笑容可掬、爱执着、赏心而又悦目，常能让人感觉不出她真实的年龄。优雅是女人最美丽的衣裳，穿上它，再普通的女人也会变得神采奕奕。

著名作家毕淑敏女士曾说过：我不美丽，但我拥有自信。

让我们做一个自信的女人，每天清晨与阳光同时出现，肩上洒满阳光，步履轻盈，精神焕发，昂首挺胸，神采奕奕，信心十足地投入到生活和工作中去。古今中外，无数仁人志士拥有自信、推崇自信，从而成功。

爱因斯坦这个名字似乎代表着20世纪科学成就巅峰，这与他拥有着无与伦比的自信心是密不可分的。在相对论发表后的一段时间里，很多人都提出了质疑，他遭遇到前所未有的批评、攻击和谩骂，甚至有人还用极具"创新意识"的手段，挖空心思地炮制了一本看上去论据确凿的书，书名叫《百人驳相对论》。

对这一系列的打击和责骂，爱因斯坦却从来没有对自己的学说产生丝毫的怀疑。对于这些，他曾这样说："假如我的理论是错误的，一个人反驳就足够了。一百个零加起来还是零。"事实证明，爱因斯坦是正确的。相对论的提出是物理学领域的一次重大革命，推动物理学发展到一个新的高度。

一位法国物理学家曾经这样评价爱因斯坦："在我们这个时代的物理学家中，爱因斯坦将位于最前列，他现在是、将来也是人类宇宙中最有光辉的巨星之一。"

的确，对于代表虚无和空洞的零来说，即使一千个、一万个又有多大意义呢？而唯有真正的自信，永远有着绿树常青的生命力。

一个女人一旦拥有了自信就会拥有美丽，就会拥有"召之即来，挥之则去"的洒脱，也更拥有了"点滴滴，入心底"的从容。因此，从某种意义上说，拥有自信比拥有美丽重要得多，因为自信可以随着日月的递进而历久弥新，而美丽却不能，所以，自信女人的一颦一笑所散发出的成熟的馨香，是一种耐品耐读的美。

高尔基也指出"只有满怀自信的人才能在任何地方把自信沉浸在生活中，实现自己的意志。"因此，自信是很多奇迹的萌发点。玫琳凯就拥抱自信，用乐观的心态开拓了自己的美丽事业。

玫琳凯化妆品公司创始人玫琳凯·艾施女士，她的一生可谓多灾多难，她的创业史也是一部辛酸的眼泪史，可是那些困难并没有把她打垮；相反，人们从她的身上看到了自信的笑容，看到了对生活永不磨灭的热情。

1918 年，玫琳凯·艾施出生在美国休斯敦，高中毕业后就和罗杰斯结婚了。三年后，丈夫却抛弃了她，这位年轻的母亲不得不独自带着三个孩子开始了艰辛的生活。这是她人生的最低谷，带给了她无尽的自卑、痛苦和眼泪，还有因伤心而带来的一身病痛。

当时，玫琳凯前去医院看病。医生诊断说她患了风湿性关节炎，甚至很快就会完全瘫痪。可是为了抚养三个嗷嗷待哺的孩子，她还是擦掉眼泪坚强地面对生活，她相信生命不会如此不公地对待自己，噩运总会离去，阳光迟早会降临。

为了维持生计，她找了一份销售员的工作，无论多累多苦，她都相信自己不会被病痛打倒，她相信自己一定能度过低谷。于是，她在工作的时候总是微笑着服务，保持着最好的状态。奇迹出现了，自信居然治好了她的关节炎！她曾自嘲地说："原来上帝是喜欢积极的生活态度的。"

　　1963 年，已经 45 岁的玫琳凯依然相信自己的生命会有奇迹出现，生活可以更美好。于是，她毅然辞职，和小儿子用尽了所有积蓄，成立了玫琳凯化妆品公司。可是在公司开张之前，玫琳凯的第二任丈夫因肺癌离世，这对玫琳凯来说又是一次沉重的打击。痛定思痛，她擦去眼泪对悲伤的儿子说："哭是没有用的，相信自己可以成功，不要放弃！"

　　玫琳凯做到了，公司安然渡过了创业困境，并且很快成长为美国一家颇有名气的企业，到现在玫琳凯已经走出美国，走向了世界。而玫琳凯女士也成为成功女性的典范。

　　玫琳凯的自信绝不同于自以为是和孤芳自赏。自信是一种冷静的态度和客观的自我评价；永远是一种积极进取和准确的自我定位；自信是一种巨大的力量和遭遇困难永不低头的精神。那种顽固不化、固执己见的自以为是和孤芳自赏，是多少头力大无穷的牛也拉不回来的悲哀。

　　每个人的生活都会充满坎坷，有时甚至是让人难以承受的灾难。相信未来，相信自己，相信在下一次的尝试中自己会做得更好。玫琳凯用她的经历告诉我们，无论发生了什么事情，都要笑着活下去。财富时代，女人不是弱者，把自信当外套，我们也可以像男人一样活出精彩，做最优雅的自己。

　　在生活中，我们的条件未必比玫琳凯的境遇更糟糕，却难拥有的是和她一样的心境——面对困境，磨难，依旧相信美好，相信今后会比以前更好。一个人的一生不都是一帆风顺的，如果没有信心，如何才能快乐、幸福地生活呢？

　　自信的女人，热爱生活，热爱事业，热爱家庭，沉稳干练，思维敏捷，内心丰富，高贵典雅，沉着大方，个性充满无限魅力，她们的脸上永远透着自信的光芒，自信的女人活得很精彩！因此，面对人生路途上的坎坷或是挑战，让我们勇敢地相信自己，拥有自信，走向成功的彼岸。

## 自动自发地去与命运抗衡

善于驾驭自我命运的人，是最幸福的人。在生活道路上，必须善于做出抉择：不要总是让别人推着走，不要总是听凭他人摆布，而要勇于驾驭自己的命运，调控自己的情感，做自我的主宰，做命运的主人。

作为女人，我们要知道，虽然命运有时不因为我们的意愿而改变，但是我们可以通过自己的行动去让自己变得更强，让自己自动自发地去与命运抗衡。哈佛大学心理学家布伯曾用一则犹太牧师的故事阐述一个观点：凡失败者，皆不知自己为何；凡成功者，皆能非常清晰地认识他自己。失败者是一个无法对情境做出正确反应的人。而成功者在人们眼中，必是一个确实可靠、值得信任、敏锐而实在的人。

成功者总是自主性极强的人，他总是自己担负起生命的责任，而绝不会让别人驾驭自己。他们懂得必须坚持原则，同时也要有灵活运转的策略。他们善于把握时机，摸准"气候"，适时适度、有理有节。如有时需要，该出手时就出手，积极奋进，有时则需收敛锋芒，缩紧拳头，静观事态；有时需要针锋相对，有时又需要互助友爱；有时需要融入群体，有时又需要潜心独处；有时需要紧张工作，有时又需要放松休闲；有时需要坚决抗衡，有时又需要果断退兵；有时需要陈述己见，有时又需要沉默以对；有时需要善握良机，有时又需要静心守候。人生中，有许多既对立又统一的东西，能辩证对待，方能取得人生的主动权。

要驾驭命运，从近处说，要自主地选择学校，选择书本，选择朋友，选择服饰；从远处看，要自主地择定自己的事业、爱情和崇高的精神追求。

你应该掌握前进的方向，把握住目标，让目标似灯塔在高远处闪光；你得独立思考，独抒己见；你得有自己的主见，懂得自己解决自己的问题。要知道，你的品格、你的作为，就是你自己思想的产物。

的确，人若失去自己，则是天下最大的不幸；失去自主，则是人生最大的陷阱。赤、橙、黄、绿、青、蓝、紫，你应该有自己的一方天地和特有的色彩。相信自己、创造自己，永远比证明自己重要得多。无疑你要在骚动的、多变的世界面前打出"自己的牌"，勇敢地亮出你自己。你该像星星、闪电，像出巢的飞鸟，果断地、毫不顾忌地向世人宣告并展示你的能力、你的风采、你的气度、你的才智。

自主之人，能傲立于世，能开拓自己的天地，获得他人的认同。勇于驾驭自己的命运，学会控制自己的情感，善于分配好自己的精力，自主地对待求学、就业、择友，这是成功的要义。要克服依赖性，不要总是任人摆布自己的命运，让别人推着前行。

## 相信自己比什么都来得重要

能够成就大事的人，永远是那些信任自己见解的人；是敢于想人所不敢想、为人所不敢为；是勇敢而有创造力、往前人所未曾往的人；更是那些勇于向规则挑战的人。

每个人的能力是不一样的，甲拥有 10 成的能力，乙拥有 5 成的能力，丙拥有 1 成的能力。如果丙把 1 成的能力全部使出来，就应该给他 100 分；但是乙拿出 1 成能力，只能得 20 分；甲拿出 1 成能力，则只能得到 10 分。有些时候，一个人究竟拥有怎样的能力并不重要，重要的是他是否能够将这些能力充分地发挥出来。一个人即使只拥有一项能力，但能够使之不断提高、不断增强，他也是成功的，也比那些虽拥有十项能力却不发挥的人更能创造优秀的业绩。一个人业绩的好坏，主要在于工作中的表现。工作的表现主要以行为为导向，知识和能力是核心，思维模式是外围，态度是第三层。一个人的知识、能力和思维模式不太容易很快提高或改变，但是态度很容易改变。

有时候我们自认为的缺点，旁人眼中我们所谓的"负面性格"，也许恰恰是我们的潜能所在，所以我们要学会发掘自身的闪亮点，让自己多一分自信。

事实上，没有人能够在一生之中成功地、完全地实现"实在的自我"所具有的全部潜能。我们的"自我"，我们表现出来的"外显的自己"从来也没有彻底发挥过"实在的自我"所可能发挥的力量。我们常常可以学得更多，做得更好，表现得更得体。实在的自我是不完美的，毕生之中它都朝着理想的目标前进，但是从未到达过这个目标。真实的自我不是静止的东西，而是活动的东西，它不会是完整的，也不会是确定的，但确实是一直在茁壮成长的。

不要逃避负面状态的现实，逃避绝对不能战胜自我，无论多么痛苦，也必须面对，然后从根本上找出问题的根源；要给自己鼓劲，学习接受这种"实在的自我"，既要接受它的优点，也要接受它的缺点，因为它是我们表达自我的唯一工具，也是突破自我潜能的最有效办法。现在是一个竞争激烈的年代，要想获得成功就必须突破固有的规则，展现全新的自我。

凡是一个人不相信自己能够做成一件从未为他人所做过的事时，他就永远不会做成它。你能察觉到外力之不足，而把一切都依赖于你自己内在的能力时，不要怀疑你自己的见解，要信任你自己，尽量表现你的个性。

姗姗在学校时是一个有名的才女，她不但无所不通，论口才与文采也是无人可与之媲美的。大学毕业后，在学校的极力推荐下，她去了一家小有名气的公司。

公司里，每周都要召开一次例会，讨论公司计划。每次开会很多人都争先恐后地表达自己的观点和想法，只有她总是悄无声息地坐在那里一言不发。她原本有很多好的想法和创意，但是她有些顾虑，一是怕自己刚刚到这里便"妄开言论"，被人认为张扬，被同事们认为是锋芒毕露；二是怕自己的思路不合领导的口味，被人看作幼稚。就这样，在沉默中她度过了一次又一次激烈的争辩会。有一天，她突然发现，这里的人们都在力陈自己的观点，似乎已经把她遗忘在那里了。于是她开始考虑要扭转这种局面，但这一切为时已晚，没有人再愿意听她的声音了，在所有人的心中，她已经根深蒂固地成了一个没有实力的花瓶人物。最后，她终于因为她的保守思想付出了代价，她失去了这份工作。

所以，女人要大胆地放开思路，突破自我的思想局限，努力进取，才能取得成功。

## 相信太阳每一天都是新的

只有经常憧憬美好的未来，才能始终保持奋发进取的精神状态。不管命运把自己抛向何方，都应该泰然处之。不管现实如何残酷，都应该始终相信：困难即将被克服，曙光就在前头，相信未来会更加美好。

对尚未到来的事情，女人不要总是表现出忐忑不安，而是要心存盼望地看待未来。因为有时候，命运会受控于我们的思想，如果自己希望发生好的事情，那么就可能发生好的事情，但是如果自己一直都在恐惧和不安中度过，那么很可能命运就会顺从你的意愿，给你安排更多的苦难和不幸。

有一个普通得不能再普通的女人，1937 年她丈夫死了，她觉得非常颓丧，而且她几乎一文不名。她写信给她以前的老板李奥罗区先生，她想重拾以前的工作。她以前靠推销世界百科全书过活。两年前她丈夫生病的时候，她把汽车卖了，现在她勉强凑足钱，分期付款才买了一部旧车，又开始出去卖书。

她原本想，再回去做事或许可以帮她解脱她的困境。可是要一个人驾车，一个人吃饭，这几乎令她无法忍受。有些区域简直就做不出什么成绩来，虽然分期付款买车的数目不大，但是她却很难付清。

　　1938年的春天，她在密苏里州的维沙里亚，见那儿的学校都很穷，路很坏，很难找到客户，她一个人又孤独又沮丧，有一次甚至想要自杀。她觉得成功是不可能的，活着也没有什么希望。每天早上她都很怕起床面对生活。她什么都怕，怕付不出分期付款的车钱，怕付不出房租，怕没有足够的东西吃，怕她的健康状况变糟而没有钱看医生。让她没有自杀的唯一理由是，她担心她的姐姐会因此而觉得很难过，而且她姐姐也没有足够的钱来支付自己的丧葬费用。

　　然而有一天，她读到一篇文章，从消沉中振作起来，有了勇气继续活下去。她永远感激那篇文章里那一句很令人振奋的话："对一个聪明人来说，太阳每天都是新的。"她用打字机把这句话打下来，贴在她的车子前面的挡风玻璃上，这样，在她开车的时候，每一分钟都能看见这句话。她发现每次只活一天并不困难，她学会忘记过去，每天早上都对自己说："今天又是新的一天。"

　　她成功地克服了对孤寂的恐惧和对生存的恐惧。她很快活，也还算成功，并对生命保持着热忱和爱。她知道，不论在生活中碰到什么事情，都不要害怕；她知道，不必怕未来；

每次只要活一天，"对一个聪明人来说，太阳每天都是新的"。

在日常生活中可能会碰到令人兴奋的事情，也同样会碰到令人消极的、悲观的坏事，这本来是正常现象，如果我们的思维总是围着那些不如意的事情转动的话，就很容易失去前进的动力。因此，我们应尽量做到脑海想的、眼睛看的以及口中说的都应该是光明的、乐观的、积极的，相信每天的太阳都是新的，明天又是新的一天，发扬往上看的精神才能使我们在事业中获得成功。

古希腊诗人荷马曾说过："过去的事已经过去，过去的事无法挽回。"泰戈尔在《飞鸟集》中也写道："只管走过去，不要逗留着去采了花朵来保存，因为一路上，花朵会继续开放的。"的确，昨日的阳光再美或者风雨再大，也移不到今日的画册里，我们为何不好好把握现在，充满希望地面对未来呢？

## 真心真意地热爱自己

热爱自己，是源于对生命本身的崇尚和珍重，她可以让我们的生命更为丰满、更为健全，让我们的灵魂更为自由、更为豁达，让我们成为自己精神家园的主人！

只有首先学会热爱自己，你才会真正懂得爱这个世界。

热爱自己是自信人生的起点。要想做个自信的女人，你就一定要学会爱自己，精心经营自己的美丽，储藏自己的精力，关爱自己的健康，呵护自己的心灵，使自己无论何时何地、遇到何事何物都能淡定从容。

只是，明白这个道理需要一个过程。

随着年龄的渐长，你就会明白女人生命中最重要的一条法则：自爱在自信、自强之前。

热爱自己，有太多的理由，也有太多的方式，可惜没有一个课本列出详细的课程来教女人如何爱自己。然而，女人应该学好这样一课：在爱别人之前，要先学会爱自己；学会怎样珍惜自己，怎样让自己活得精彩，不能成为别人生活的附庸。

"我很不快乐。"一位年轻女孩的声音。"为什么呢？""我总觉得自己不如别人，做事总做得不够好。""你能说说是哪些事吗？""比如这星期有门课程的论文我写了，但担心自己写得不好。老师要求课堂上进行答辩，我非常紧张，觉得自己答得一团糟，但是，班上的同学觉得我回答得还挺不错，虽然这样，但我仍觉得很沮丧。"

生活中，跟这个女孩一样，因对自己不满而陷入痛苦的女人太常见了。每每这时，我们就应该好好反思这样一个问题：我们懂得爱自己吗？

26岁的年轻护士汪美琪失恋后如一个泄了气的皮球。她说，我是一只折断翅膀的丑小鸭，整个世界都把我抛弃了。可是，她忘了，这个失恋的汪美琪是天下独一无二的汪美琪。如果她学会喜欢自己、爱自己，她就不会这么傻了。

每个女人都该明白这样一个道理：若没有我，自我将变成一纸空文；若没有我，我的生命将戛然而止；若没有我，我的世界将变成一片废墟。尽管在整个宇宙我不过是沧海一粟，但对于我自己，我是我的全部。为此我首先珍重自己，才能得到别人的珍重；我必须善待自己，真心真意地关爱自己，才对得起造物主的恩赐。

美丽的汪美琪终于学会了自省，晚上躺在床上对自己说，我这是怎么了，为什么要这样虐待自己？从前处事干练的我哪里去了，为什么自己就不能走出这段伤情呢？仔细想想，我没有什么不对。是他不对，是他玩弄了我的感情，应该难过的是他而不是我。那我究竟是为了什么呢？经过几夜的反省，汪美琪终于找到了问题的症结：自尊，狭隘的自尊。原来，从小众星捧月的她从未受过别人的冷落，她的痛苦归根结底不是为了失去的那个男人，而是为了自己狭隘的自尊。于是她对自己说，现在我明白了，那样的自尊不能要，它不过是虚荣的幻影，一个坚实的自尊来自真正的自爱。我爱自己，还有什么可以自惭形秽的呢？就这样，否定了自己的虚荣，汪美琪不再痛苦了，她很快走出了失恋的伤情，坦然地接受了成熟的庆典。

我们仔细想想，一个不懂得爱自己的人，会真正懂得去爱他人、爱这个世界吗？

回顾一下我们所受到的教育：从儿时起，家庭、学校的教育要求我们学会爱祖国、爱党、爱人民、爱父母、爱同学、爱朋友……我们逐渐知道，作为一个社会人，应该学会爱这个世界，甚至包括面对敌人时，也应该努力用宽厚的爱去感化那冷漠仇恨的心，但我们唯独遗漏了那个最重要的角色——我们自己。

假如在人生的早期没有人教我们这一课，那么，我们现在就要及时为自己补上这一课：学会爱我们自己。

英国作家毛姆说，自尊、自爱是一种美德，是促使一个人不断向上发展的一种原动力。痛苦与磨难是生命必经的历程，你只能靠自己；最孤独的时候不会有谁来陪伴你，最伤心的时候也没有人来呵护你，只有你自己；跨越一些生命中必然要遇到的难题和障碍，也只有你自己。

然而，许多女人都在迷惘、困惑的路上迷失了自己，不知道该往哪个方向走，不知道怎样为自己找到一条充满阳光的大道，那种无助的眼神、悲凉的心情让我们感慨不已。其实每个人活着都不完全是为了自己，还有我们的亲人、朋友，所以在感到迷茫，在对生活失去信心、对未来失去勇气之时，我们还要想想身边的亲人与朋友，这些关切的目光告诉我们：要坚强地学会爱自己。

因此，你没有理由不好好爱自己，应该学会在失败时给自己打气。为了父母、朋友和兄弟姐妹，你也要学会好好爱自己，因为爱自己就等于爱那些疼你、关心你的亲人和朋友。

所以，在我们走出去影响世界之前，让我们首先爱上这个虽不尽完美但依然优秀的自己。

只有首先学会热爱自己，你才会真正懂得爱这个世界。

学会热爱自己，不是让我们自我姑息、自我放纵，而是让我们学会勤于律己和矫正自己。我们拥有的关怀和爱抚随时都有失去的可能，我们必须学会为自己修枝剪叶、浇水施肥，使自己不会沉沦为一棵枯荣随风的草。

学会热爱自己，是让女人在寂寞难耐、孤独无助、困苦无援的时候，在必须独自穿行凄风苦雨的长巷的时候，在没有人与我们共同承担人生磨难的时候，学会自己给自己一个坚定的笑容，自己给自己送一朵娇艳的鲜花，自己给自己一颗柔韧的心灵。

学会热爱自己，就是要让自己时刻保持对自我的充分信任，用我的激情去挑战生活、挑战未来。

# 把自卑扔到天空外

自卑感产生的原因只有一种：我们没有用适合自己的"尺度"来判断自己，而用某些人的"标准"来衡量自己。

至少有95%的女人，其生活多多少少要受到自卑感的干扰。自卑感之所以影响我们的生活，并不是由于我们在技术上或知识上的不如意，而是由于我们有不如人的感觉。不如人的感觉，产生的原因只有一种：我们不是用适合自己的"尺度"来判断自己，而是用某些人的"标准"来衡量自己。如果这样做，毫无疑问地，只会带来次人一等的感觉。

比如说，你知道你打乒乓球比不上张怡宁，唱歌比不上毛阿敏，但你大可不必因为比不上她们而产生自卑感，使你的人生黯淡无光，也不该因为某些事情无法做得像她们那样，而觉得自己是块废料。就算你是一个打乒乓球或唱歌不行的人，这并不是说你是个"不行的人"。张怡宁和毛阿敏没办法替人动外科手术，她们是"手术不行的人"，但这并不意味她们是"不行的人"。行不行，这全部取决于用什么标准来衡量自己，拿什么人的标准来衡量自己。

事实上，世界上没有两片完全相同的树叶，也没有两个完全相同的人，你没有必要拿别人的优秀来夸大自己的不足。记住：你不"卑下"，也不"优越"，你只是"你"。

你身为一个个体的人，不必与别人比较高下，因为地球上没有人和你一样。你是一个人，你是独一无二的，你不"像"任何一个人，也无法变得"像"某一个人，没有人"要"你去像某一个人，也没有人"要"某一个人来像你。

著名作家三毛的自杀为读者留下痛苦，也留下问号。是《滚滚红尘》的失败使她自杀？不，《滚滚红尘》的失败只是她自杀的导火线，其实在她的心中，早就因自卑萌发了自杀的念头。

少年时代的三毛因沉湎于"闲书"而不能自拔，初二第一次月考，她4门课不及格，数学更是常得零分。初中二年级第二学期，因为怕留级，她决心暂不看闲书，跟每位老师都合作，凡课都听，凡书就背，甚至数学习题也一道道死背下来，她的数学考试竟一连得了6个满分，引起了数学老师的怀疑，就拿全新的习题考她，她当然不会做。数学老师即用墨汁将她的两个眼睛画成两个零鸭蛋，并令她罚站和绕操场一周来羞辱她，严重地损伤了她的自尊心，回家后她饭也不吃，躺在床上蒙着被子大哭。第二天她痛苦地去上学，第三天她因害怕被嘲笑不敢进校门。

从那天起，三毛开始逃学，她不愿让父母知道，依旧背着书包，每天按时离家，但是她去的不是学校，而是六犁公墓，静静地读自己喜欢的书，让这个世界上最使她感到安全的死人与自己做伴。从此，她把自己和外面的热闹世界分开，患了医学上所说的"自闭症"。

父母理解她，当他们了解真相后，即为她办了退学手续，自此，她"锁进都是书的墙壁……没年没月没儿童节"，甚至不与姐弟说话，不与全家人共餐，因为他们成绩优异，而自己无能。她曾因此自卑地割腕自杀，为父母所救。

作为作家，她当然很想超越自己，以再造一个撒哈拉时期的轰动，但是未能如愿。再后的教书生涯，讲演、座谈的记录则更平淡。她不甘寂寞抱病创作剧本《滚滚红尘》。当年，台湾电影金马奖评选提名，《滚滚红尘》获包括最佳编剧在内的12项提名，可以说大获全胜。可是，当她盛装赴会，准备接受得奖荣誉时，8项获奖中有"最佳影片奖"，却偏偏没有"最佳编剧奖"，她当场落泪。

青少年时代的遭遇，使三毛产生了很深的自卑感，在以往的日子里，她对自我价值的肯定，常常求证于他人。创作《滚滚红尘》，是希望它能体现对自己的超越，但是，结果不仅没得奖，还受到报刊"草包编剧""外行编剧"的猛烈批评，她还能超越自我吗？身心俱疲的她深深怀疑了，自杀之念也因此萌生。

埋藏心底多年的自卑，就这样把作家三毛送到了另一个世界。

可见，一个女人就算事业上再成功，如果她自己不自信，也是一生都不会幸福的。但是，女人一旦开始自信，一旦把自卑扔出天空外，生活的天空就会变得五彩缤纷。

记住：不要无端地拿他人的标准来衡量自己，因为你不是"他人"。只要你了解这个简单、明显的道理，接受它，相信它，你的自卑感就会消失得无影无踪。

哈佛大学的一位女性研究专家曾说："我们不能够改变一个人的为人——即使我们能够，我们也不会这样做。我们所能做的只是帮助一个人，更有效地运用她所具有的天赋才能和任何优点……我们不能把人们内心里所没有的资质给他们，但可以使他们认识自身的资质，并鼓励他们去开发自己的资质。"

视自己为一个有价值的人，并因为真正有了自信而达到自己所向往的目标——这才是成功之本。

## 相信自己能做那些未做过的事

　　自信是引导生命的一盏明灯，一个没有自信的女人只能脆弱地活着，女人只有相信自己，才是成功最可靠的资本，才能把握住自己的资本。

　　一个士兵骑马给拿破仑送信，由于情况紧急，战马长途奔跑，且速度过快，到达拿破仑的军营后就倒地而死。拿破仑接到信后，立刻写了一封回信，交给那个士兵，要求他骑上自己的战马，火速把信送回去。

　　那个士兵看到拿破仑那匹强壮的战马，身上的装饰出奇华贵，便对拿破仑说："不，将军，我只是一个平庸的士兵，实在不配骑这匹强壮的骏马。"

　　拿破仑回答道："世上没有任何一样东西是法兰西士兵所不配享有的。"

　　不具有自信的人就会像这个士兵一样，以为自己地位低微，强者拥有的地位与荣耀是不属于他们的，所以也不配享有。如果拿破仑在指挥部队跨越阿尔卑斯山脉时，对自己的士兵说："前面是阿尔卑斯山脉，由很多难以跨越的高山组成。"那么，军队就很难鼓起勇气前行。

自信的反面是恐惧，就是恐惧行动、恐惧成功。在成功学上，这种心态叫作"成功恐惧症"。它表现在自己还没有行动、还没有尝试前，就对自己下了定论："我不行！"人们常说，中国人谦虚，但谦虚到了极点，就会认为自己什么也做不了了。这种所谓的谦虚，实际上就是恐惧——恐惧行动，恐惧尝试，恐惧失败，也恐惧成功。再者，就是不相信自己，根本就不相信自己有某种能力、有成功的可能。这样，既没有信心，也没有行动，只看别人成功，自己却不去行动。立志成功的人，必须消除这种恐惧的消极的心态，要坚信自己一定能够成功。有了这样的信念，就会采取相应的行动；有了相应的行动，就会开始迈向成功。

对于那些在人际交往和办事过程中容易产生自卑、恐惧、羞怯心理的女人来说，要克服这些弱点，不妨在平时通过下列7个方法来加以改变：

第一，认识自己不自信的来源。总觉得有人在背后责骂自己或总是对什么事情都感到羞耻，找到这些使自己不自信的来源，并仔细地去认识它。将这些来源告诉朋友和爱人，大胆地表达出来。对别人说出来除了能增强自己的勇气，同时也可以获取他们的帮助，找到问题的根源。

第二，认识自己的长处和优点。不要沉迷于自己失败的一面，每个人都有自己优秀的地方，但是没有一个人是完美的。为你拥有的特长和优点感到自豪，毕竟自己还是和其他人一样有优点的。

第三，对着镜子笑一笑，人生是积极的。给自己一个笑脸，不要对生活感到绝望，也不要厌恶或者轻视自己。常常对镜子笑一笑，让你感到更快乐、更自信。

第四，展现自己优秀的一面。让别人认可你，让他们觉得你很厉害，你的自信就会慢慢提升，所以去展现你自己的才艺和优点。朝着自己优秀的方向前进，多培养一些爱好，多交一些良友，使自己变得自信起来。

第五，设定目标，做好准备。为自己设定一个目标，贯注信念，专注其中。做好充分的准备，这样更容易达到目标。要经常鼓励自己，因为你就要成功了！

第六，不要逃避和不敢面对失败。只有弱小的自卑者才会盯着自己的失败和缺点不放。他们逃避现实，不敢自我肯定。有句名言说："现实中的恐惧，远比不上想象中的恐惧那么可怕。"所以，敢于面对挑战，鼓起勇气，你的自信心就会慢慢高涨起来。

第七，为自己制定约束。给自己一点压力，制定一些约束，遵守这些约束。在参加生存训练时，就这么对自己说：不管怎么样的活动，什么都得给我尝试一遍！结果可想而知，不仅享受了其中的乐趣，还提高了自己的自信心。所以，为自己订下约束，遵守约束和自我信赖，随着时间的推移，你的信心就会成为你的勇气和力量的来源。

# 自信让女人独具芳香

自信的女人拥有一种"光环效应"，通身散发着独特的吸引力，自信使她看上去神采奕奕、明艳动人。她总是扬着自信的头，嘴角常挂着微笑，炯炯有神的双目散发着光芒。

有一种女人，即使她没有令人惊艳的姿容，她还是在人群中卓然而立，举手投足之间显示出干练与风度，身边仿佛笼罩着一层光环，被她吸引的人都会称赞她非凡的气度。这种女人就是自信的女人！

事实上，每个女人都是独一无二的美妙存在。我们要怎样才能充分感受到自己的与众不同，怎样才能找到比较成熟的自我？

首先，做个自尊、自强、自爱的女人，尽可能地表现自己的优势。你有什么优点，你能准确地描述自己的长处吗？不要以为说出自己的优点就是炫耀，在任何应该表现自我的地方都一定要与谦虚说再见。"我说英语很流畅，可以胜任接待外宾的工作。""我曾获得演讲比赛冠军，请让我负责这次的招商演讲。"说这些话的时候，你应该是自信满怀、话语坚定，你能够做到，就不要藏身人后，白白失去表现自我的机会。即使只是菜烧得好、歌唱得好，会讲一两个笑话，等等，也是可以利用的优点。只要你用欣赏的眼光看自己，仔细地观察自己，就能发现自己具有的优良特质。你的自尊自爱会成为助你成功的力量。

其次，不要做个自贬的女人，动不动便廉价地出售自我。我们的传统教育让女人要谦逊、谦虚、忍让，谦虚过度却变成了消极的自贬。你要做的是看清你自己所有的长处和短处、所有的优点和缺点，不要总用"我不行""我做不到"来暗示自己，久而久之，你会觉得自己毫无价值。如果你自己都用怀疑的目光打量自己，还怎么指望能获得他人的承认和重视呢？

最后，你应坚信"天生我材必有用"这句话。每个人都有自己的长处，也能找到自己的立足之地。

斯曼莱·布兰顿博士说："某种程度的自爱，是一个人心理健康的标志。适度的自爱对工作和成就都是不可或缺的。"

的确如此，健康、成熟的生活特征之一是"认识自己""喜欢自己"。这种喜欢自己不是自以为是或孤芳自赏，而是冷静、客观地接受自我，怀着自重与尊严去生活。

一个成熟的女人会经常批评自己的表现，知道自己的错误和缺点，但她认同自己一些基本的目标和动机，并将精力花在完善自我方面，而不是对着它们哀叹。

心灵的成熟是一个持续不断的自我发掘过程。在我们对自己有所了解之前，我们无法了解别人。了解自己是智慧的开端，这便是"世界上只有一个你"的现代版。

每一个女性都有自己潜在的力量，有自己可以发挥的作用，有自己存在的价值。女人们，自信起来吧，天生我材必有用！让自信开启人生引擎的爆发力。

第二章

**心如晴空，**

**幸福的坐标是自己**

## 独立，魅力女人的必备要素

独立的女人虽然没有小鸟依人的可爱，没有楚楚动人、惹人怜爱的双眸，但是她们风风火火的行事作风、敢作敢为的勇气，同样让人眼前一亮。

哈佛大学的女性研究表明，独立是魅力女人的必备要素，人格独立才算得上魅力女人。魅力女人在事业上有主见，不受他人摆布；在生活上有自己的朋友，不会因脱离男人而感到孤独。独立是一种很高的境界，它需要高素质的心态和全新的价值观。

女人的独立既包括物质上的独立，也包括精神上的独立。这种独立不是世俗意义上那种女强人的不可一世的特立独行，而是拥有自己的生活空间、内心感受和表达方式。

有工作的女人在物质上有独立感，这种感觉能使她们的精神独立有相对坚实的地基。但不少女人在经济上很依赖男人，不少男人也为此自傲，把女人视为自己的私有财产，甚至轻视女人。很多女人会认为，尽管没有社会工作，但持家也是一种职业。如果男人在外面打拼有工资，那么女人持家也应有报酬。

以往男人总把给家庭的生活费视为对女人的报酬，这是不对的。生活费只是一种家庭必需的成本，它没有在经济上体现持家女人的价值。关心和尊重女人不是一句空话，男人应主动量化女人持家的价值，并愉快地付给这笔象征着对女人价值尊重的工资。千万不要小看这个程序，这是女人走向物质独立的关键。女人有这种独立感才会有尊严感，男人在有尊严的女人面前才会被重视。女人如果缺少这种独立感，那么男人对这种女人就不会有长久的好感，迟早都会背叛。所以，女人首先一定要在物质上、经济上保持独立，那样才会有持久的魅力。

相对于物质独立来说，女人的精神独立更为重要，因为男人活在物质中，而女人却活在精神里。女人精神的独立是对自己的肯定。当女人的精神世界被别人支配时，这样的女人就会十分悲哀。女人可以在自己的精神世界里建起一个美好的王国，当她自豪地感觉到自己就是这个王国的女王时，就会在现实生活中找到自信。女人的精神独立还体现在她的思想是受自己支配的，而不会为别人盲目改变自己。

有个年轻的姑娘爱上了一个她认为极好的男人，由于感觉太好，她想让其他女朋友分享她的感觉，于是她去征求她们的意见。朋友都认为，这么好的男人一定会有很多女人追，将来很难说他能挡得住诱惑。分析得出的结论是：这种男人没有安全感，不值得交往。于是她和这男人分手了，但又因为分手而长期痛苦。后来听说她认识的一个女人却和他结婚了，她只能独自懊悔。

女人精神的动摇是一种不独立的表现。还有很多女人都像得了"预支恐惧症"一样，一接触男人就想将来可不可靠。越想越不对，明明有很好的感觉，一下就开始产生恐惧了。其实生命的意义就在此时此刻的分分秒秒，如果你对一个人的感觉好，就应该跟他去共同营造更好的感觉。

有些女人总认为恋爱就必定结婚，假如中途分手就觉得丢人，多几次分手更是坐立不安，怕别人议论，这是一种很不成熟的想法。你分不分手是你个人的事，完全不必紧张别人的反应。所以，女人一定要学会在精神上独立。精神独立的女人才能真正地坚强和自信起来，即使面对变幻无常的社会，也不会丢掉自己的微笑。

说到底，女人独立自主的意识，最终决定了女人的独立。

# 没有安全感，是因为你从不冒险

多一些冒险精神，做一个独立的个体，经济独立、事业进步、感情丰富，这样的女人永远自信快乐，这样的女人也能永葆青春。

斯通指出："生命是一个奥秘，它的价值在于探索。因而，生命的唯一养料就是冒险。"那些眷恋安稳的人们在开始做一件事情之前，总是会做过多的准备工作。她们认为每一项计划和行动都需要完美的准备。她们只在自己熟悉的领域搭建一个舒适的温室，例如说爱待在家里，将"在家靠父母，出门靠朋友"这句话彻底执行，或不敢向陌生的领域踏出一步。对生活中不时出现的那些困难，更是不敢主动发起"进攻"，只是一躲再躲。她们认为：保持自己熟悉的一切就好。对于那些新鲜事物，还是躲远点好，否则就有可能被撞得头破血流。安稳是一个陷阱，让她们丧失了斗志和激情，她们不敢打破固有的生活方式，不敢寻求新的变化，结果在懒散之中松弛了自己的斗志和精神，犹如八十老妪一般。

西方有句名言："思想决定命运。"做任何事都要求安全感，不敢挑战冒险，是对自己潜能的否定，而最终也只能使自己的潜能不断地减少。对此，哈佛大学给我们的忠告是："你必须信赖你自己的精神力量、能力、经验。如此一来，你的人生才能得到完全的改变。"如果女人能够突破"安稳"这一关，人生就可能有很大的改观。

香奈儿是一个传奇，她从来就不是一个安于本分的人。她的名字后来竟成为女性解放与自然魅力的代名词。她特别在意自己个性的生活，她年轻时是巴黎一家咖啡厅的卖唱女。香奈儿经历过一次失败的情感——18岁时当了花花公子博伊的情妇。但她没有就此沉沦下去，而是借助博伊的帮助开了3家时装店，使她的服装进入巴黎的上流社会。

对于浮夸与矫情的上流社会，香奈儿的礼服是玛戈皇后装的翻版。香奈儿和她的服装充满了怪异，但也充满了诱人的吸引力。有一次，她的长发不小心被烧去几绺，她索性拿起剪刀把长发剪成了超短发。在她走进巴黎舞剧院之后的第二天，巴黎贵妇们纷纷找到理发师要求给她们剪"香奈儿发型"。无论是香奈儿的香水还是香奈儿的服装，真正的魅力在它们的制造者身上。

香奈儿30岁以后还清了欠博伊的钱，她独立了。从1930年一直到死，她都独自住在巴黎利兹酒店（Ritz Paris）的顶楼上，她是世界最著名的服装设计师之一。

　　每天晚上睡觉的时候，她唯一需要确定的是她那把心爱的剪刀是否放在床头柜上。她说："上帝知道我渴望爱情，但如果非要我选择，我还是选择时装。"

　　香奈儿回忆自己的一生时，给人们的忠告是："也许我会令你感到惊讶，但归根结底，我认为一个女人若想要快乐，最好不要遵从陈腐的道德。能做出这种选择的女人具有英雄的勇气，虽然最后很可能付出孤独的代价，但孤独能帮助女人们找到自我。我爱过的两个男人从来都不了解我。他们很有钱，却不曾了解女人也想做些事。让自己忙碌起来能使你的分量加重。我很快乐，但几乎没人知道这一点。"

　　在她最后的日子里，她说："由种种事情来看，我的一生完全正确，我没有丈夫、孩子，但我有一堆财富。"

　　香奈儿的成功就是因为冒险给了她灵感和动机，让她走出了安稳的牢笼，创造了一个经典的品牌。不管女人的外表是美的还是丑的，也不管心智是聪明的还是愚笨的，都要凭着自己的心性去追求自己想要的生活，而不要被"安稳"的温柔陷阱杀死。

## 事业是女人人生中最华丽的背景

"我必须是你近旁的一株木棉，作为树的形象和你站在一起"，女人应该知道，当一个女人以一棵树而不是一根藤的形象站立在男人身边的时候，就连男人也不由得为她折服。

以前人们常用"小鸟依人"来描摹一个女性含羞带怯、温柔可人的形象，这样的女人依附在男人身旁，将男人视作自己最大的靠山。但这样缺乏独立性的姿态并没有将女性的深层魅力体现出来，而这种依赖于人的生活态度也会让女性自己感觉到不安定，可能一生悲苦。

日本著名电影《被嫌弃的松子的一生》中的女主角松子，就是这样一个把自己的希望寄托在别人身上的人。松子是学校教师，天性善良的她为自己的学生顶替偷窃的罪名而被学校开除。因为总觉得父亲偏爱妹妹，她离家出走。之后松子与一个有暴力倾向的作家同居，受尽折磨却始终不愿意离开他。作家自杀后，松子与有妇之夫冈野发生不伦之恋，她又把希望寄托在情人身上，结果对方妻子发现后，情人立即和她翻脸了。

此后松子又经历了好几次恋爱，每一次她都对男人付出自己的真心，希望和对方白头偕老，结果却屡遭抛弃，甚至还给她带来了牢狱之灾。到了 50 岁，松子依然是孑然一身，过着单身的隐居的封闭生活。她在牢中认识的朋友希望给她一份工作，但她慌乱地拒绝了，因为她对自己毫无信心。而当她意识到自己还没有忘记曾经的理发手艺时，她的人生似乎出现了转机。可是命运不给她机会，她在寻找朋友的过程中遭到一群地痞的殴打，死在枯竭的河川旁。

松子是一个渴望得到爱的女人，她追寻爱的勇气和决心让人感动，但是她总是把自己的人生完全寄托在寻找到一个可以依靠的男人身上，这样就太可悲了。她曾经也当过理发师，手艺不错，完全可以凭借它拥有属于自己的平静、幸福的生活，可惜却为了男朋友执拗地放弃了。我们痛惜松子的一生，并且希望这样的经历不要在其他的女性身上重演。

在"她"世纪里，女性就要独立。精神上的独立是一方面，物质上的独立也不能忽视。女人，从现在开始，你就应该树立这样的思想：不把男人当作经济支柱，而把事业作为自己最华丽的背景。这样的女性才最能展现出"她世纪"女性的风采。

海伦·凯普兰是另一个工作中的美丽女人。她小巧玲珑，利落明快，像可以应付任何事的女人——事实也是如此。她出生于维也纳，在塞拉库斯大学读艺术专业。和很多女孩一样，她接受了母亲的老观念:"女人一定要嫁个金龟婿。"她21岁结婚,后来离婚。她说:"我母亲——她代表有同样想法的亿万人——认为我嫁给一位成功的男人,情况将好得多,我自己事业成功则不然。在母亲的眼中,如果我嫁给一个金龟婿,才算幸福,这才是成功。我从小接受的教育是嫁一个成功的男人——而非自己追求成功。我是位分析家,但直到最近我才明白自己轻率地接受了很多母亲的价值观。"

后来,她开始拥有自己的事业,成为一名心理学家。她说:"年轻时,我想做一位心理医生,但我觉得自己不够聪明,没资格进医学院。大学时我与心理学家约会,嫁给其中一位。之后我才发现:我要做一位心理医生,而不是嫁给心理学家。"她的工作涉及很多女性羞于提及的性,她甚至成为性爱治疗上的先驱工作者,她的著作《新的性爱疗法》让大众重新了解了性,专家也对她推崇备至。她说:"我在专业上有所成就,工作愉快,追求做一名演说家,有好朋友、乖孩子和一幢舒适的公寓,和世界上任何人都相处融洽。"

大多数成功的女性热爱家庭,她们也醉心于工作。她们认为工作开拓了她们的视野,给予她们成就感,挖掘出她们的潜力,赋予她们身份,使她们得以完善自身。一位作家用略带夸张的语调说道:"如果她们停止工作,她们明白,大多数人就什么也不是了,就像空气中的洞一样,如此而已。"这些充满信念的女人甚至把她们的职业看成她们的救星。

工作不仅让女人自己拥有了经济独立，而且可以从根本上脱离男人的控制。工作也能赋予女人非同寻常的魅力。工作，让女人走出了狭小的家庭生活空间，让女人的视界开阔，心也随之澄明起来；工作，让女人发现了更能凸显自己个性价值的方式；工作，也最能让女人找到自己的尊严。面对一个自尊、自爱、自立、自强的女人，相信每一个人都会由衷赞叹她的美丽。

## 即便是家庭主妇，也不能放弃理想

在现实生活中，恐怕没有多少女人知道这样一个辩证法则：当女人丧失理想或精神支撑以后，她们的神韵、风貌、气质、形象乃至灵魂都会因缺乏理想的润泽而在岁月推移中日渐流失。

在现实生活中，很多女性从未对自己在婚前婚后的反差进行过思考：我为什么会在结婚几年后，变成了一个迷迷糊糊的家庭主妇，变成一个只关心油盐酱醋和丈夫、孩子的市井妇人？如果她们能沿着这条思路追根溯源想下去，就会发现问题的症结，即大多数女性在结婚后总是沿着"女主内、男主外"这样一种传统的思维定式，确立自己在家庭与社会中的角色，并自动放弃理想和进取精神，以辅助丈夫的事业为名而把精力都用在操持家务和孩子上，从此不再参与社会竞争，满足于知足常乐的物质生活程序，并以争做贤内助角色为荣，却从没想过这样的生活将导致什么样的结局。

事实是，一个女性如果自愿放弃对理想的追求而满足于平庸乏味的家庭生活，那么岁月将很快把她的灵魂腐蚀。不用多久，她就会变成一个絮絮叨叨、琐琐碎碎的家庭主妇，变成一个管孩子、持家、算计收入和花销的让人无法亲近的世俗女人。

当今社会，特别是知识女性，她们最怕在婚后或者有了孩子之后做家庭妇女。她们和传统的家庭妇女不一样，传统的家庭妇女认识到自己只能做丈夫的贤内助，很自然地一切以丈夫为中心；现代的知识女性则不同，她们有能力自己独立生活。一旦成为全职太太，就很难适应与现在不一样的生活了。

首先，她们不适应家庭妇女的身份，她们心里总有一种不甘，这种压抑的心理长期发展，会使人的心理变得不健康。

知识女性从人格上就认为自己和丈夫是平等的，不像传统妇女那样依赖丈夫，而丈夫若仍按照传统家庭妇女的要求来要求妻子，两个人的矛盾就会很明显。

另外，知识女性在学识上很难让自己落后于时代，真做了家庭妇女之后，在很多方面就会显得孤陋寡闻，这才是最让女人受不了的地方。

安娜就是这样的女人。她曾经这样讲述自己的经历：

我2000年从哈佛大学本科毕业，一直从事文秘工作。生儿子时我30岁，儿子1岁的时候，我本想出去重新工作，但疼爱我的老公不愿意我再出去奔波，他说："你还是在家里相夫教子吧，我又不是不能养家糊口。"

老公是某美资公司的高级经理，收入足以保证我们过上优质的生活。但我不愿意荒废青春，还是尝试着去找工作。然而让我感到恐怖的是，虽然才脱离社会一年多，我却几乎跟不上时代变化了，别说找令自己满意的工作，就是一般的秘书工作都找不到。

于是，瞎找了一段时间之后，我也就习惯了做家庭主妇，每天带带孩子、牵着小狗遛街、做美容、逛商场超市……很多当年的同学和朋友都羡慕我有好福气，嫁了个好老公，我的内心却充满了失落和不安。

老公每天都很忙，有时候忙到晚上十一二点才回家，以往在睡觉前我们都会谈谈心，可是现在我发现和老公的共同语言越来越少了，我根本就跟不上老公的节奏，老公有时候会开玩笑说自己是"对牛弹琴"。

如有朋友聚会，他们说的话题让我觉得很陌生。同时，我也开始担心我和老公的感情。我开始经常掏老公口袋、查看他的手机等，我试图找到某些蛛丝马迹，而找不到又会怀疑老公手段高明，早在回家前就消灭了一切证据。有几次我还悄悄跟踪过老公，这种情况严重影响了我们的感情。

开始老公对我的行为只是感到莫名其妙和好笑，后来慢慢受不了了，就开始吵架。有一次，老公由于一个项目很重要，连续一个星期都很晚才回家，有两次还喝醉了，身上还有女人的香水味。我缠着他不准睡觉，非得让他解释身上的香水味是从哪里来的。丈夫喝得晕乎乎的，只想睡觉，没精力向我解释，被我吵得没办法，只好到客厅去睡。但我还是不依不饶，不停地问他："告诉我，是哪个狐狸精留下的？不说就不准睡。"在我一再纠缠下，他终于被激怒了，对我大声吼道："你怎么会变成这个样子？吃饱了撑的，这么多疑，告诉你了，我是工作上的应酬。这日子没法过了！"

我也不甘示弱，那一夜我们通宵没睡。第二天老公上班由于精力不好连出了几次错误，回家后很生气，我们之间发生了更激烈的冲突，后来开始分居了。

冷静一段时间后，我和老公都觉得这种情况主要是我没工作太无聊所致。于是，他让我找份轻松点的工作。重新工作之后，尽管我的工作很简单，但是我接触社会的面广了，一段时间下来，也交了不少朋友，见识广了，懂的东西多了，和老公聊天的时候，我不再是"有心无力"跟不上节奏，甚至有时还能帮老公出一些主意。

"回家"的女人待在家里难免会胡思乱想。换句话说，如果妻子全身心都"回家"，一心一意扮演家庭主妇的角色，结果必然导致夫妻在心灵与精神方面日益拉大距离，多年后他们就会变得无话可说。而当夫妻话不投机或彼此听不懂对方在说什么时，分手就只是一个时间问题了。所以，女人即使为了保护自己、维护婚姻关系的健康发展，也不应该将身心都沉溺在家庭主妇的角色中。相反，应该保持着与世界同步的活跃姿态，这样才会使自己始终与丈夫保持着精神层面上的亲和力。

# 失去什么也不能失去自尊

一旦一个女人失去自尊,她便会轻视自己。连自己都不尊重的女人,又怎么能够获得尊严、活出高贵呢?品格是立身之本,丧失品格的人,将丧失别人对她的敬佩与肯定。

女人失去什么也不能失去自尊。伟大的思想巨匠卢梭,在他的一篇著名演讲词中曾声色高昂地诠释自尊的力量。他说:"自尊是一件宝贵的工具,是驱动一个人不断向上发展的原动力。它将全然地激励一个人体面地去追求赞美、声誉,创造成就,把他带向他人生的最高点。"

乔治·萧伯纳是20世纪著名的戏剧作家,他写过许多享有世界声誉的作品,深受各国人民的喜爱。

一次,萧伯纳代表英国去苏联参加一个活动。当他在大街上散步时,见到一位可爱的小姑娘,胖乎乎的脸蛋、长长的辫子,俏皮极了。他忍不住停下脚步,把自己当成一个孩子一样,和小姑娘玩了起来。小姑娘也很喜欢这个和蔼可亲的外国人,和他高兴地玩了起来。

玩了很长时间，萧伯纳该走了。分别的时候，萧伯纳俯下身，一只大手放在小姑娘的脑袋上，说："你回去可以告诉你妈妈，就说今天陪你玩的是世界上有名的剧作家萧伯纳。"

他原以为小姑娘听完以后会高兴地跳起来，没想到，小姑娘听到后十分平静，她拉着萧伯纳的手，抬起头天真地说："哦，我不像你那么出名，我只是一个和别人一样的小姑娘而已。不过，你回去时可以告诉别人，就说今天陪你玩的是苏联的一位小姑娘。"

萧伯纳听了，心里愣了一下，他意识到自己有些太自以为是了，同时也深深地佩服这位小姑娘的自信。

从那以后，每当说起此事，萧伯纳还会说，这位俄罗斯小姑娘是他的老师，他一辈子都忘不了她。

一位小姑娘尚且能不卑不亢，女人更应该如此。自尊自爱是一个独立自主的人所必备的品格。一个自尊自爱的人才能够赢得别人的尊重，相反，一个不懂得尊重自己的人，势必也无法赢得别人的尊重。

自尊是对自己的一种敬意，它教会了一个女人要有尊严，要爱自己的肉体和灵魂，要肯定自己，要将自立放在重要位置，而不是依靠他人，接受他人的施舍。自尊的女人非常尊重自己，自己珍视自己。正是因为尊重自己，所以尊重他人，由此她也博得他人的尊重。

# 摆脱依赖的性格

摆脱依赖的个性是为了让女人更独立、更有自信、更主动，这样的女人才更吸引人，这样的人生才更美好。

有很多女人还没有摆脱依赖的性格，她们常常怀疑自己可能被拒绝，在很多方面都很少表现出积极性，显得缺乏对生活的信心。由于缺乏基本应付生活的能力，所以一般很难适应新的环境和生活，需要逐步引向独立。

依赖型人格一般发源于幼年时期。幼年时期儿童离开母亲就不能生存，在儿童的印象中，保护他、养育他、满足他一切需要的母亲是万能的，他们必须依赖她，总是怕失去这个保护神。这时如果父母过分地溺爱其子女，就可能鼓励子女依赖父母，使他们没有自立的机会。

这样久而久之，在子女的心目中就会逐渐产生对父母或权威的依赖心理，成年以后依然不能自己做主，而总是依靠他人来做决定，缺乏自信心，不能担负起责任，成为依赖型人格。

具有依赖型人格的女人一般十分温顺、听话，她的依赖最初受人欢迎，可能引起人们的好感。但不久，这种黏着性的依赖就令人厌烦，因此她们很难处理好人际关系。依赖型人格常缺乏自信，显得悲观、被动、消极，在人际关系中总处在被动位置。

　　从心理学角度看，依赖心理是一种习以为常的生活选择。当一个人选择依赖时，就会使他失去独立的人格，变得脆弱、无主见，成为被别人主宰的可怜虫。

　　但是，依赖心理并非一种顽症，是可以逐步克服的。树立独立的人格，培养独立的生存能力，是克服依赖心理的首选目标。

　　树立独立的人格，培养自主的行为习惯，一切自己动手，自然就与依赖无缘了。对于已经养成依赖心理的人来说，就要用坚强的意志来约束自己，无论做什么事都有意识地不依赖父母或其他的人，同时自己要开动脑筋，把要做的事的得失利弊考虑清楚，心里就有了处理事情的主心骨，也就敢于独立处理事情了。

　　树立人格要有使命感和责任感。一些没有使命感和责任感的人，生活懒散，消极被动，常常跌入依赖的泥坑。而具有使命感和责任感的人，都有一种实现抱负的雄心壮志。他们对自己要求严格，做事认真，不敷衍了事、马虎草率，具有一种主人翁精神。这种精神是与依赖心理相悖逆的。选择了这种精神，就选择了自我的主体意识，就会因依赖他人而感到羞耻。

为了锻炼独立处世的能力，要有意识地自己单独办一件事，完全不依赖别人，无论办成或办不成，对你都是一种人格的锻炼。要注意抑制自己的依赖心理，促使自己选择自力更生，这样有利于自己独立的人生品格培养。"乖乖女"要克服依赖心理，可从以下几个方面出招。

1. 要充分认识到依赖心理的危害

要纠正平时养成的习惯，提高自己的动手能力，多向独立性强的人学习，不要什么事情都指望别人，遇到问题要做出属于自己的选择和判断，加强自主性和创造性，学会独立地思考问题。独立的人格要求独立的思维能力。

2. 要在生活中树立行动的勇气，恢复自信心

自己能做的事一定要自己做，自己没做过的事要去锻炼。

3. 丰富自己的生活内容，培养独立的生活能力

在学校中主动要求担任一些班级工作，以增强主人翁的意识，使自己有机会去面对问题，能够独立地拿主意、想办法，增强自己独立的信心。

4. 多向独立性强的人学习

多与独立性较强的人交往，观察他们是如何独立处理自己的问题的，向他们学习。同伴良好的榜样作用可以激发我们的独立意识，改掉依赖这一不良性格。

# 想要什么，就要自己去争取

聪明的女人，想要什么就大胆地喊出来，并且努力实现自己的目标。只有这样，我们才能达成自己的心愿，过上自己想要的生活。

许多女人习惯于压抑自己的个性，她们将内心的需要藏得很深，明明很想要，或者很在意，却总是装作一副无所谓的样子，致使自己错过了很多的机会。可以说，这样的性格不是一朝一夕形成的，但是习惯于以这种方式生存的女人，常常会错过自己的幸福。

罗马纳·巴纽埃洛斯是一位年轻的墨西哥姑娘，16岁就结婚了。在两年当中她生了两个儿子，之后丈夫离家出走，罗马纳只好独自支撑家庭。但是，她决心谋求一种令她自己及两个儿子感到体面和自豪的生活。

她带着一块普通披巾包起的全部财产，跨过里奥兰德河，在得克萨斯州的埃尔帕索安顿下来。她在一家洗衣店工作，一天仅赚 1 美元，但她从没忘记自己的梦想，她要摆脱贫困，过上受人尊敬的生活。于是，口袋里只有 7 美元的她，带着两个儿子乘公共汽车来到洛杉矶寻求更好的发展。

她开始做洗碗的工作，后来找到什么活就做什么。拼命攒钱直到存了 400 美元后，便和她的姨母共同买下一家拥有一台烙饼机及一台烙小玉米饼机的店。

她与姨母共同制作的玉米饼非常成功，后来还开了几家分店。直到最后，姨母感觉到工作太辛苦了，便把股份卖给她。

不久，她经营的小玉米饼店成为美国最大的墨西哥食品批发商，拥有员工 300 多人。在她和两个儿子经济上有了保障之后，这位勇敢的年轻妇女便将精力转移到提高美籍墨西哥同胞的地位上。

"我们需要自己的银行。"她想。后来她便和许多朋友在东洛杉矶创建了"泛美国民银行"。这家银行主要是为美籍墨西哥人所居住的社区服务。后来，银行资产增长到 2200 多万美元，这位年轻妇女的成功确实得之不易。

起初，抱有消极思想的专家们告诉她："不要做这种事。"他们说："美籍墨西哥人不能创办自己的银行，你们没有资格创办一家银行，同时永远不会成功。"

"我行，而且一定要成功。"她平静地回答。结果她梦想成真。

她与伙伴们在一个小拖车里创办起他们的银行。到社区销售股票时却遇到另外一个麻烦，因为人们对他们毫无信心，她向人们兜售股票时遭到拒绝。

他们问道："你怎么可能办得起银行呢？我们已经努力了十几年，总是失败，你知道吗？墨西哥人不是银行家呀！"

但是，她始终不愿放弃自己的梦想，始终努力不懈。如今，这家银行取得伟大成功的故事在东洛杉矶已经传为佳话。后来她的签名出现在无数的美国货币上，她由此成为美国第三十四任财政部长。

通过上面这个故事，我们可以看出，在女人成就梦想的路上，总是会遇到很多的困难，也经常会有人提出异议。可是，只要我们勇敢地喊出自己的目标，并且拿出勇气应对一切困难和挫折，那么我们就能摆脱一切困难，实现自己的目标。

当然，社会的发展还没能让我们摆脱"淑女"的枷锁，女人像男人一样在社会上打拼，也常常会受到身边人的误解。但是，周围的一切不过是社会给予女人的"精神监牢"，只有勇敢地打破它，女人才能获得自由和快乐。

## 外表要温顺，内心要强大

不管你的外表多么柔顺，多么小鸟依人，有一颗坚强的内心，女人才能活得更加精彩。

美国前总统老布什的妻子芭芭拉是一位很坚强的女性，面对家庭诸事，她总能沉着应对。她患有甲状腺炎，布什也有心脏病，女儿多罗蒂离婚，儿子尼尔职位被解除，特别是1953年女儿罗宾死于白血病，但这一切都没有压倒布什夫人，她总是竭尽全力保护家人。有一次，布什出席一个宴会时突然晕倒，在场人员不知所措，芭芭拉却当机立断，打电话叫急救车，亲自送丈夫去医院。

坚强，是每一个成功人士必备的品质之一。《易经》曰："天行健，君子以自强不息。"也许有时候，我们无奈于生命的长度，但是坚强能够让我们选择生命的宽度与厚度。在这个世界上，我们会遇到赏罚不公，会遇到就业压力，会遇到竞争，会遇到病魔，会遇到……但是，女人可以运用自己手中坚强的画笔，为自己在逆境中描绘一片属于自己的蓝天，为自己绘出红花绿草，清风习习。

2004 年 3 月 8 日晚上，中央电视台《半边天》节目对 6 位女性做了访谈。

第一位是一个阿姨辈的女人——王自萍，54 岁。但是她的状态，也可以说是心态，丝毫不亚于年轻人，甚至强过年轻人。她的乐观、自信、热情，瞬时感染了现场及电视机前的观众，也让人们羡慕不已。她是提前退休后，以不惑之年闯北京的，在这之前，她坚决地结束了一段不幸的婚姻。到了北京，种种努力自不必说，她终于做上了一家会计师事务所的经理，通过了 3 项非常困难的资格认证考试。工作之余，她有着同样精彩的业余生活，她的幸福是每个人都可以感受到的，我们从她风趣的话语中知道了幸福的来源——坚强。

还有一个残疾姑娘，她身上所拥有的自信同样让她光彩照人。她来自石家庄，尽管残疾，偏偏是个不服输的人。为了做一名职业歌手，她坐着轮椅跑到了北京，要实现自己的梦想。

设想一个四肢健全的人假若要到北京生活，都有那么多的艰难，何况她一个残疾人。她有 1000 个不会成功的理由，但第 1001 个成功的理由给予了她成功。她现在是一名签约歌手。这第 1001 个理由便是永不放弃，坚强。主持人问："上天为什么要给你一个这样的命运？"她说命运只是要她活得更艰难一点。地铁中传来她嘹亮的歌声，远远地听去，就像对命运的宣战。

坚强是她的武器，任何困难都不能逃过她的冲击。

她是云南昆明一家饭店的老板，手下有200余名员工，有2000多平方米的大楼。主持人关于她身家的渲染并没有引来多少人的羡慕，大家的心情很快被她的叙述所吸引。她有一个不幸的童年，险些被母亲以400元的价钱送人，从此她与母亲断绝了关系。这之后便是如何努力、如何奋斗，才有今天的成就。在她身上，所洋溢的依然是"坚强"二字。

人生不可能一帆风顺，所以自从你有自我意识的那一刻起，你就要有一个明确的认识，那就是人的一辈子必定有风有浪，绝对不可能日日是好日、年年是好年。当你遇到挫折时，不要觉得惊讶和沮丧，反而应该视为当然，然后冷静地看待它、解决它。

很多女人遭逢生命的变故时，总会不停埋怨老天："为什么是我？""为什么我就这么倒霉？"……即使哭哑了嗓子，事情也不会无缘无故地好转，所以要坚强地面对。碰到令人伤心的事情发生时，你第一个念头要告诉自己："它来了！这是必经的过程，只有自己能帮助自己，所以我要勇敢面对，现在就想办法处理！"不断用心灵的力量来为自己打气，然后要比平时更精神百倍，才能让自己走过生命的黑暗期，迎向灿烂的明天。遇到困难时，越是坚强的女人，越有一股让人尊敬的魅力。唯有自己表现得更坚强，别人才能帮助你。

少了坚强做伴的女人，或是唯唯诺诺，没有自我；或是哀哀怨怨，陷在一件可小可大的事里，挣扎在一段越理越乱的感情里不能自拔。只有坚强的女人，为了坚强而追求着坚强，从不停下脚步，坚强于她只是一种习惯。

总而言之，女人要活得自我，活得幸福，坚强是第一要素。因为它就是一把开山的斧、远航的帆。面对挫折或者失败，女人更需要的是从失败中站起来，微笑着面对风霜的袭击，用宽阔的胸怀去拥抱挫折。女人用怀抱守护心灵的沃土，懦弱才不会乘虚而入，灵魂才会在美好的港湾停泊。

# 改变人生，只能靠自己

女人凡事不要依靠别人施舍，也不要希望财富与成功自天而降。只有将命运之舟紧紧地掌握在自己的手中，才能驾着它驶向成功的彼岸。

时下各种名义的聚会在年轻人中悄然流行，也许在某次的聚会中你会遇见昔日一起毕业的好友，尽管当时你们才能相当，甚至她不如你，但是她现在有了自己的事业，或许成了某一阶层的"领导者"。她之所以成功，也许有贵人的提拔，也许赶上了一个好的机遇，但女人你要明白，只有自己才是自己的"救世主"。如果一个人不想改变自己的命运，再好的机遇也是没有用的。

一头驴子不小心掉进了一口枯井里，它凄惨地叫喊呼救，期待主人把它救出去。驴子的主人召集了数位亲邻出谋划策，都想不出好办法来。大家觉得反正驴子已经老了，"人道毁灭"也不为过，况且这口枯井迟早都会被填上。

于是，人们拿起铲子开始填井。当第一铲泥土落到枯井中时，驴子叫得更恐怖了，它显然明白了主人的意图。又一铲泥土落到枯井中，驴子出乎意料地安静了。人们发现，此后每一铲泥土打在它背上的时候，驴子都在做一件令人惊奇的事情：它努力抖落背上的泥土，踩在脚下，把自己垫高一点。

人们不断把泥土往枯井里铲，驴子也就不停地抖落那些打在背上的泥土，使自己再升高一点。就这样，驴子慢慢地升到了枯井口，在人们惊奇的目光中从容地跳出枯井。

驴子走出绝境的秘诀，便是拼命抖落背上的泥土，变埋葬自己的泥土为拯救自己的泥土，即将不利因素转化为有利因素。《塔木德》教导犹太人："要救赎自己"，这种救赎不能靠别人，必须由自己来完成。通过下面的案例，我们来看看犹太人是如何救赎自己的。

美国犹太商人朗司·布拉文 37 岁才开始经商。他的父亲在洛杉矶经营一所拥有 100 名员工的会计师事务所，他在大学学的是会计学，毕业以后他马上进了父亲的会计师事务所工作。周围人都认为他会顺其自然地成为事务所的第二代继承人，但是，他总是觉得事务所的工作不适合自己，家族的期待和财产反而成了他的噩梦，难以摆脱。

既然不适合眼下的路，就只能离开。他辞了职，开始尝试经商。

进入商界十几年后，他的公司年交易额已达 35 亿日元。他的公司主要向日本出口与体育有关的用品、服装及辅助设备等。

生活只能靠自己选择和创造，所以布拉文放弃了会计师事务所，而去追求自己擅长的领域。如果他继续待在父亲的公司，很可能成为一个背着"败家子"名声的失败者。

所以，女人要明白，依靠别人的施舍不会得到自己想要的，属于自己的精彩生活只能靠自己创造。

第三章

# 你是唯一，
# 所以要活得高贵

## 只有自尊才能获取尊重

自尊是女人获得平等待遇的基础。一个女人若生活得连自尊也没有了，就会被轻视甚至被忽略。女人懂得自尊才能去尊重别人，进而获得别人的尊重。

"男人有钱就变坏，女人变坏就有钱。"说的是女人如果偏离了道德规范的航向，不顾惜自己的名声，用一些偏门的手段便可以快速地达到自己的目的。然而，世界上真有免费的午餐吗？目睹生活中一些女人的叛逆行为，面对一些女人过于张扬的个性，或者说是一种不懂得自尊的行为举止，我们不得不反思，不得不去触及女人心中的一些自我因素，即自尊、自重和自爱。

女人和男人在性别上是存在着差异的，所以也就注定了生活里的种种不同，就好像社会赋予男人更多的是事业，而赋予女人更多的则是家庭。其实这样也没有什么不好，男主外，女主内，夫妻恩爱，也是一种幸福。但是，令人不解的是，一些女人由此把"找个好归宿"作为此生之目的，生命不息，寻觅不止，有的时候甚至为了获得一份锦衣玉食的生活而不顾自尊。

有一个 23 岁的女人，她年轻美貌，但是为了拥有房子、车子而不惜嫁给一个比她大 20 岁的男人，并且她声称并不爱这个男人，嫁给他为的只是获得生活的享受。如此这般也叫归宿的话，那还不如不要这份奢侈。

亦舒是一位杰出的女性作家，在她的名作《喜宝》中，她刻画了一位"坏"女人——喜宝。喜宝是一位美丽而且聪慧的女性，但家庭十分贫困，她为了支付自己在牛津大学学法律的费用，把自己卖给了一位超级富翁。她得到了花不完的钱，却失去了自己的内心。当她重归单身的时候，她放弃了来之不易的学业，因为她不知道自己为什么还要坚持。她对人们失去了信心，因为不知道是否有人是真心的。喜宝当初只想出卖她的青春和肉体，但她不知道灵与肉密不可分，当她的心灵被金钱买去后，她就再也得不到平安和幸福了。

一个女人失去了自尊，她便不能自爱，甚至不惜出卖自己的肉体。连自己的肉体都不尊重的女人，又怎么能够获得尊严、活出高贵呢？

爱情不是生活的全部，为金钱出卖自己的爱情、丧失自己宝贵的自尊、失去享受人生的坦荡与自信是最不明智的。所以，女人，请记住：不管社会怎样进步，也不管你是贫穷还是富有，一定要懂得自尊、自重、自爱。

## 贪小便宜的女人容易被别人占便宜

在人生道路上，女人要学会放下你的"贪小便宜"观念。否则，时间久了，你就会发现，"算来算去算自己"。

在人们的内心，总是希望有所得，以为拥有的东西越多，自己就会越快乐，所以有些女人不知不觉地就走上了贪小便宜的路。可是，有一天等你蓦然回首，也许你会惊觉：原来一直以为占便宜的是自己，没想到让别人占了"便宜"。

赵娜去一家商场购物，正碰上商家举办"买100送30"的活动，一双原价500元的羊皮靴，她毫不考虑就买下了。拿到150元的现金券，却成了负担，怎么甩掉呢？赵娜上楼、下楼，再没找到特别中意的东西刚好能用150元买下的，没办法，自己搭上300元的现金买了件牛仔上衣，可手头又冒出90元现金券……赵娜这才意识到所谓返券实际是陷阱，稍不留神就陷入了无休止的购买圈套。

那天，她在商场连续"战斗"了5个小时，终于花掉了最后的 120 元券，腿都走疼了，但心更疼啊，5 小时"血拼"掉了 3000 多元，这个月要喝"西北风"了。

不过，更让她气愤的事还在后面，仅仅过了两周，当她又来到这家商场时，赫然发现她买的羊皮靴、牛仔服等都换了标签，羊皮靴 350 元，牛仔服 360 元，原来它们本来就值这么多，所谓折扣，根本就是个幌子，她不仅没买到一分钱的实惠，反而为了"折扣"搭进去了不少冤枉钱。

而她的朋友李晶也是"折扣牺牲品"的典型。最近要搬家，她整理时居然从角落里翻出十几双鞋，有些还是崭新的。李晶回想起它们的来历，"换季打折""买二赠一""断码处理"……当时觉得真实惠啊，这么便宜，结果"换季打折"到能穿的时候早就跟不上潮流，式样老旧；"买二赠一"穿了没几天就断线开胶；"断码处理"不是晃晃荡荡，就是太挤脚……

当时没觉得什么，反正便宜，不穿也没关系，现在翻出来却是这么一大堆，扔了确实可惜，留着又有什么用呢？她害怕节俭的父母不高兴，背着他们悄悄把鞋都扔掉了……

不要再贪小便宜吃大亏，撩起"打折"的面纱，看看其下有多少陷阱和圈套。说是"全场打几折"，其实只限于少数几种卖不出去的库存货；说是"买二赠一"，其实上千元的一件商品的赠品不过是价值几块钱的钥匙链、通信录；说是"买多少就返券"，其实返券不能当现金使用，还得继续购买别的东西……

女人在与人交往中也不能贪小便宜。因为人与人之间的交往都是相互的，你对别人算计，也许一次两次别人没有发觉，但是时间长了，大家就会了解你是一个什么样的人了。爱计较的人，也许会以同样的方式来对待你；不爱计较的人，也会因为你的过于算计和贪婪而对你产生反感，从而对你敬而远之。

# 为膨胀的心减减 "肥"

你或许是平凡的，但你不一定就不是幸福的。你的财富往往就是这些看似平凡的东西，女人，只要你拥有一颗平常心，就不会被虚荣蒙蔽你的眼睛，你才能够发现那些很平凡的东西是不应当被忽略的。

据说上帝在创造蜈蚣时，并没有为它造脚，它仍可以爬得像蛇一样快。有一天，它看到羚羊、梅花鹿和其他有脚的动物都跑得比自己快，心里很不高兴，便忌妒地说："哼！脚多当然跑得快。"于是它向上帝祷告说："上帝啊，我希望拥有比其他动物更多的脚。"

上帝答应了蜈蚣的请求，他把好多好多的脚放在蜈蚣面前，任凭它自由取用。蜈蚣迫不及待地拿起这些脚，一只一只地往身体上安，从头一直粘到尾，直到再也没有地方可粘了，它才依依不舍地停止。

它心满意足地看着满是脚的躯体，心中暗暗窃喜："现在我可以像箭一样地飞出去了!"但是等它开始要跑时,才发觉自己完全无法控制这些脚。这些脚噼里啪啦地各走各的,它必须全神贯注,才能使一大堆脚顺利地往前走,这样一来它反而比以前走得慢了。

我们的生活中又有多少人像蜈蚣那样贪婪?一批又一批人前赴后继地把自己绑上欲望的战车,纵然气喘吁吁也不得歇脚。不断膨胀的物欲、工作、责任、人际、金钱几乎占据了现代人全部的空间和时间,许多人每天忙着应付这些事情,几乎连吃饭、喝水、睡觉的时间都没有。

其实很多人都无法静下心来检查自己"已有的"或"曾经拥有的",总是"看到"或"想到"自己失去的或没有的。这注定了他必须奔波忙碌。

现代人无论是待人或处事,很少检讨自己的缺点,总是记得"对方的不是"以及"自己的欲求"。到头来,因为每个人的心态彼此相克,很少能如愿以偿。相反,如果这个社会中的每个人,都能够试着将对方的不是及自己的欲求尽量放一放,多多检讨自己并改善自己,那么彼此之间将会产生互补作用,这才是我们所乐意见到的。

我们要学会给自己的心减"肥",不要让那些无谓的争端引爆灾难的炸弹,破坏了我们的幸福。

## 不需要别人施舍的阳光


快乐生活的一个基本要点就是拿出你的热情来，你有了对生活的热情，就不需要在意别人对你的看法和评价，不需要依靠别人施舍给你阳光，只要你对待生活有足够热情的态度，你就可以成为自己的太阳！

生活有了热情才会有希望，生命中充满热情，生活便每天都充满阳光。

相信你一定看过小提琴家在演奏时满头乱发飞扬的场面，他只顾演奏，丝毫不关心外表如何。恰恰是这份热情弥补了他的外表，让他气质非凡，让他魅力无穷，让观众为之倾倒。这就是热情的爆发力和感染力。

发挥热情，能带给你真正的自信。因为你专注于自己的兴趣而非外表时，你就有了自信。你不再以自我为中心，你不再担心自己的工作表现，只是充分地展现自己的热情。

《都市文化报》上刊载了一篇《谁是弯弯》的文章，上面

写道:

　　在台湾的年轻人当中,有这样一种说法:"不知道弯弯,就别说你上过博客。"

　　竟然有这样大的名气,弯弯是何许人?

　　答案是,她是一个标准的"80后"女生,爱笑、爱唱歌,更重要的是,她画的博客漫画十分有趣。

　　弯弯很喜欢说自己的这样一次经历:她还在网络游戏公司工作的时候,一次从同事格子间路过,发现他的MSN头像就是自己画的表情符号"懒",那个得意啊!她故意放慢了脚步,迈出经典漫画动作"悄悄路过"的步子……

　　不过,弯弯小时候的得意事并不多。事实上,她绝对是个平凡的台湾小女生——从有记忆就开始学习画画:幼儿园逃课看漫画;小学自制绘本,在数学笔记本上涂鸦成连环漫画,一本卖3元,结果一本都没卖出去,被她爸爸当垃圾丢了……

　　高中时,她考上了复兴美工,过着暗无天日的绘画生活,画正统漫画,还和很多怀有梦想的女人一样,画了不少要投稿的漫画,却从没寄出去过。

　　然后就是投身网络游戏公司,边学计算机边画自己喜欢的图……

　　弯弯一直坚持认为,绘图要来源于生活。有事没事,她经常研究如何抓住表情的精髓,比如有一次坐公交车,司机刹车比较突然,一个女人从公交车后排直接滚到了司机身边,于是,弯弯忽然有了一个很新鲜的灵感。弯弯想用漫画记录平常的琐事，通过漫画实现生活中的梦想。

2007 年 7 月 26 日，弯弯的博客访问量破亿人次，还创下了日浏览量 23 万人次的雄壮记录。

弯弯的超人气，使她可以接到通告，例如作为《康熙来了》的嘉宾，接受蔡康永和小 S 的访问。同时，她还引起了商业界的注意，将有机会产生"上亿元"的身价。

和弯弯一样，每一个普通人，都可以用梦想去绘制生活、热爱生活，生活将还给我们更多。

热情是一种青春的活力。富有热情的女人，会谈笑风生，以自己的言语感染别人，使周围的人感到愉悦、受到激励；当别人遇到困难时，能热情相助，使人感到可亲、可敬。

一个失去热情、对一切人和事物都采取漠视和冷淡态度的女人，看不到生活的本质和人生的真谛，看不到希望和曙光，不能寻觅到挚友和知音，也激发不起生活的热情和兴趣，终日伴随她的只是内心深处的孤寂、凄凉和空虚。这无疑是一种可悲的自我摧残和自我埋葬。

对人热情的女人言行举止间会显露出一种吸引人的气质，会得到别人的喜欢，就像有人说的那样，"你对我热情，我就喜欢你"。当一个女人充满热情时，她散发的是一种生机勃勃的魅力。所以，我们不要做老气横秋、毫无激情的女人，一定要让热情灿烂伴随着我们的一生！

# 1/3 给爱情，2/3 给自己

爱中一定要包含着自身的尊严，就像《简·爱》中的简·爱那样不卑不亢。身体的依恋是有限的，只有建立在灵魂平等基础上的真爱才能走得久远。

男人就像女人的一把保护伞，他为女人撑起一片晴空。女人常常就像一个虔诚的信徒一样，将自己的全部奉献给了爱情，希望永远躲在这把伞下。有人对爱情进行了量化分析，如果把女人全部的爱分成三等分，那么最好的策略是，1/3 给爱情，2/3 给自己。

爱一个人，无论有多深、多浓，一定要有自己。爱情必须建立在平等的基础上，你可以奉献，但绝不能跪着去爱一个人。

菲曾深深地爱上一个男人，她回忆说："爱上的时候，那种膨胀的占有欲折磨得我好苦。他和哪个女人多待一会儿，或者哪个女人在追求他、在他面前花枝招展，都会令我醋意大发。而他偶然的一个眼神、一句善解人意的鼓励，都会让我柔情似水，又怅然若失。常常在梦里伴着他，醒来一枕泪。心里不断地数落他不完善的地方，却仍然要被一种力量牵引，陷入情网。可是女性的矜持和骄傲又绝不允许我表白什么。我害怕与他对视，怕无法控制自己，可一旦他走过去，我又会在背后用我的目光追赶他的背影。况且在我的潜意识中，爱情必须男人先表白，或者如欧洲窗下的小夜曲，或者如中国的红梅赠君子，这样才不失一种古典的浪漫气息。"

菲望眼欲穿地等待，但仍没有结果，她所喜爱的男人最终选择了别人。

对女人来说，寻找自己的爱情，要有勇气，也要有力量，要鼓起勇气表白。

爱情，不能对它太慈祥、太宽容，倘若这样，可能会失去你的保护神。你要努力又不动声色地提醒对方，让他感觉到你的存在。同样，对爱情别太苛刻，太苛刻也会失去它，苛刻常常意味着你的不信任。

男人喜欢女人撒娇，喜欢女人偶尔耍小孩子脾气，只要不经常、不过分，他会更加宠爱你。不要因为你是女人就将主动权让给男人，美好的东西要去追求，机会要你自己去创造。女人在主动寻找爱情的同时，还应懂得把握好爱情的分寸，因为毕竟主动寻找来的爱情得来不易。

把2/3的爱留给自己，一旦对方离开，你还能从对方越走越远的朦胧背影中回头，你还有爱自己的能力和勇气。如果把十分的爱全给了对方，在爱中丧失了自己，一旦对方变心，你就会措手不及。没有自己、不留任何余地的爱是可怕的，具有毁灭性和颠覆性，很容易酿出悲剧来。所以，你千万不能把爱全部投注在对方的身上，怎么能把生命的赌注全部押到他人身上，去指望他人呢？

把2/3的爱留给自己，女人才能为自己留出个人的空间：那里保存着女人的尊严和价值、生命原则和人格魅力。因为这2/3的距离存在，对方会觉得仍有深入和进步的可能，同时也不会让对方觉得太累。在节奏繁忙、凌乱的都市生活中，是没有人愿意负载一份太沉太累的爱行走的。

对于女人来说，爱情是生命中最厚重的，是无价的。男人让女人一生激动、倾慕、依恋，更让女人温暖，因此所有的女人都渴望永久拥有这份情感，彼此牵手走过一生。但很多时候，女人不仅仅要为得到这份情缘而欣喜，更重要的是还需学会守护爱情的技巧。这些技巧包括：不要把你的爱人拿来和别人的比较；不可以整天追问对方爱不爱你；不要摆脸色给对方看；要适度表现你的体贴和柔情；要恰当地把握忌妒和娇媚；永远把家庭放在第一位；把爱人的父母当成自己的父母。

在茫茫人海中寻觅到自己的最爱真的不容易，而重要的是要积极寻找保持爱情不老的动力。所以，女人应该用自己的智慧，寻找爱情的庇护，掌握守护爱情的技巧，握紧真爱的手，将爱进行到底。

## 只要你想，你就能让自己变得美丽

如果把我们的生命比作一片沃土，那么，发现自己的眼睛就是一粒生命的种子，它深藏在每个人心里，随时都可能发芽并开出绚烂夺目的花朵。

每个女人都应该学会发现自己的美丽，不要让属于你的这粒生命种子永远埋在土里。

有一个叫爱丽莎的美丽女孩，总是觉得自己没有人喜欢，总是担心自己嫁不出去。她认为自己的理想永远实现不了，她的理想也是每一位妙龄女郎的理想：和一位潇洒的白马王子结婚、白头偕老。爱丽莎总以为别人都有这种幸福，自己却永远被幸福拒于千里之外。

一个周末的上午，这位痛苦的姑娘去找一位有名的心理学家，因为据说他能解除所有人的痛苦。她被请进了心理学家的办公室，握手的时候，她冰凉的手让心理学家的心都颤抖了。他打量着这个忧郁的女孩，她的眼神呆滞而绝望，声音仿佛来自墓地，她的整个身心都好像在对心理学家哭泣着："我已经没有指望了！我是世界上最不幸的女人！"

心理学家请爱丽莎坐下，跟她谈话，心里渐渐有了底。最后他对爱丽莎说："爱丽莎，我会有办法的，但你得按我说的去做。"他要爱丽莎去买一套新衣服，再去修整一下自己的头发，他要爱丽莎打扮得漂漂亮亮的，告诉她星期一他家有个晚会，他邀请她来参加。爱丽莎还是一脸闷闷不乐，对心理学家说："就是参加晚会我也不会快乐。谁需要我，我能做什么呢？"心理学家告诉她："你要做的事很简单，你的任务就是帮助我照顾客人，代表我欢迎他们，向他们致以最亲切的问候。"

星期一这天，爱丽莎衣衫合适、发式得体地来到晚会上。她按照心理学家的吩咐尽职尽责，一会儿和客人打招呼，一会儿帮客人端饮料，她在客人间穿梭不停，来回奔走，始终在帮助别人，完全忘记了自己。她眼神活泼，笑容可掬，成了晚会上的一道风景，晚会结束后，有三位男士自告奋勇要送她回家。

在随后的日子里，这三位男士热烈地追求着爱丽莎，她终于选中了其中的一位，让他给自己戴上了订婚戒指。不久，在婚礼上，有人对这位心理学家说："你创造了奇迹。""不，"心理学家说，"是她自己创造了奇迹。所有的女人都能拥有这个奇迹，只要你想，你就能让自己变得美丽。"

每个女人都应当用一只眼睛观察世界，一只眼睛发现自己。

学会发现自己的优点，这是每个女人都必须学会的。事实上，爱丽莎对自身产生怀疑，归根结底是因为她没有发掘出自己的闪光点，她看到了别人的精彩，却错失了自己的光彩。其实，每个女人都是自己最优秀的载体，接受自己，你并不是一无是处。

## 失去自我是人生中最痛苦的事

如果女人一味地遵循别人的价值观，想着取悦别人，最后你会发现"众口难调"，每个人的喜好都不一样，失去自我，其实就是人生中痛苦的根源。

古语说"以铜为镜，可以正衣冠；以人为镜，可以明得失"。意思是说，每个人都是一面镜子，我们可以从别人身上发现自己、认识自己。然而，如果一个人总是拿别人当镜子，就会逐渐迷失那个真实的自我，就会难以发现自己的独特之处。

有这样一则寓言：

有两只猫在屋顶上玩耍。一不小心，一只猫抱着另一只猫掉到了烟囱里。当两只猫同时从烟囱里爬出来的时候，一只猫的脸上沾满了黑烟，而另一只猫脸上却干干净净。干净的猫看到满脸黑灰的猫，以为自己的脸也又脏又丑，便快步跑到河边，使劲地洗脸；而满脸黑灰的猫看见干净的猫，以为自己也是干干净净的，就大摇大摆地走到街上，出尽了洋相。

故事中的那两只猫实在可笑，它们都把对方的形象当成了自己的模样，其结果是无端的紧张和可笑的出丑。它们的可笑在于没有认真地观察自己是否弄脏，而是急着看对方，把对方当成了自己的镜子。同样的道理，不论是自满的人还是自卑的人，他们的问题都在于没有了解自己，对自身没有形成清晰而准确的认识。

每个人都有自己的生活方式与态度，都有自己的评价标准，你可以参照别人的方式、方法、态度来确定自己采取的行动，但千万不能总拿别人当镜子。总拿别人做镜子，傻子会以为自己是天才，天才也许会把自己照成傻瓜。

胡皮·戈德堡成长于环境复杂的纽约市切尔西劳工区。当时正是"嬉皮士"时代，她经常追逐潮流，身穿大喇叭裤，头顶阿福柔犬蓬蓬头，脸上涂满五颜六色的彩妆。为此，她常遭到附近人们的批评和议论。

一天晚上，胡皮·戈德堡跟邻居友人约好一起去看电影。时间到了，她依然身穿扯烂的吊带裤、绑染的衬衫，顶着阿福柔犬蓬蓬头。当她出现在朋友面前时，朋友看了她一眼，然后说："你应该换一套衣服。"

"为什么？"她很困惑。

"你扮成这个样子，我才不要跟你出门。"

她怔住了："要换你换。"

于是朋友转身走了。

当她跟朋友说话时，她的母亲正好站在一旁。朋友走后，母亲走向她，对她说："你可以去换一套衣服，然后变得跟其他人一样。但你如果不想这么做，而且坚强到可以承受外界嘲笑，那就坚持你的想法。不过，你必须知道，你会因此引来批评，你的情况会很糟糕，因为与大众不同本来就不容易。"

胡皮·戈德堡受到极大震撼。她忽然明白，当自己探索一条"另类"道路时，没有人会给予鼓励和支持，哪怕只是一种理解。当她的朋友说"你得去换一套衣服"时，她的确陷入了两难抉择：倘若今天为了朋友换一次衣服，日后还得为多少人换多少次衣服？她明白母亲已经看出了她的决心，看出了女儿在向这类强大的同化压力说"不"，看出了女儿不愿为别人改变自己。

人们总喜欢评判一个人的外形，却不重视其内在。要想成为一个另类的个体，就要坚强到能承受这些批评。胡皮·戈德堡的母亲的确是位伟大的母亲，她懂得告诉孩子一个根本的处世道理——拒绝改变并没有错，但是拒绝与大众一致也是一条漫长的路。

胡皮·戈德堡一生都未摆脱"与众不一致"的议题。她主演的《修女也疯狂》是一部经典影片，而其扮演的修女就是一个很另类的形象。当她成名后，也总听到人们说："她在这些场合为什么不穿高跟鞋，反而要穿红黄相间的快跑运动鞋？她为什么不穿洋装？她为什么跟我们不一样？"可是到头来，人们最终还是接受了她的影响，学着她的样子绑黑人细辫子头，因为她是那么与众不同，那么魅力四射。

　　做人亦如同穿衣，不能改来改去；否则，就不会是自己了。做人永远要以自己的意志为转移，其实，生活中原本就没有什么一成不变的条条框框，只要按自己的方式生活，世界可能就会随着你改变的。

# 学会爱自己才能更好地爱别人

爱，首先从自己开始，只有学会爱自己，才能学会爱他人、爱世界。

爱自己不是一种自私行为，我们这里所说的爱并不是虚荣、贪婪、傲慢、自命不凡，而是一种善待自己，对自己无条件接受的行为。如果你能够认识到自己是一个有自尊心的综合体，如果你能够注意养生，保持自己的身心健康，那你就已经学会爱自己了。

我们应该懂得，女人有足够的理由爱自己：一是只有自己才是属于自己的；二是只有热爱自己，才能热爱他人、热爱世界。

因为只有视自己为有价值、有清晰自我形象的人，才可以有安全感、有胆量去爱别人。

爱自己，或称自爱，是一种与自私、以自我为中心不同的状态。自私、以自我为中心是一切以私利为重，不但不替别人着想，甚至可能无视他人利益，为求达到目的不择手段。爱自己，就要学会照顾和保护自己、喜欢自己、欣赏自己的长处，同时也要接受自己的短处，从而努力完善自己。

在这种心态之下，我们会学会不少自处之道，更可活学活用于人际关系之中。在接受自己之后，便会拥有容人的雅量；在懂得欣赏自己之后，便会明白如何欣赏别人；在掌握保护自己的方法之后，亦会理解"害人之心不可有，防人之心不可无"的道理，也许这就是推己及人的真谛。

一个不爱自己的人，是不会爱别人以及接纳别人的。因此，一切均得由爱自己开始。心理学家伯纳德博士说："不爱自己的人崇拜别人，但因为崇拜，会使别人看起来更加伟大而自己则愈加渺小。他们羡慕别人，这种羡慕出自内心的不安全感——一种需要被填满的感觉。可是，这种人不会爱别人，因为爱别人就要肯定别人的存在与成长，他们自己都没有的东西，当然也不可能给予别人。"

每个人都有缺点，要想与人建立良好的人际关系，就必须首先接受不完美的自己。谁都不可能十全十美，所以女人必须正视自己、接受自己、肯定自己、欣赏自己。

一个人如果不爱自己，当别人对他表示友善时，他会认为对方必定有求于自己，或是对方一定也不怎么样，才会想要和自己为伍。这种人会不断地批评自己，从而使别人感到他有问题而尽量避开他；这种人害怕别人越了解自己就会越不喜欢自己，所以在别人还没有拒绝之前，其潜意识里就会先破坏别人的好感。总之，不爱自己会导致各种问题的发生，当一个人觉得自己很差劲时，周围的人也会跟着遭殃。

因此，在开始爱别人之前，女人必须学会先爱自己。世界就像一面镜子，人与人之间的问题大多是自身问题的折射。因此，我们不需要去努力改变别人，只要适当转变一下自己的思想，人际关系就会有所改善。

第四章

# 温婉的玫瑰，
# 从不会盛气凌人

# 具有弹性的性格

真正的智慧女性具有一种大气而非平庸的小聪明，是灵性与弹性的结合。一个纯粹意义上的"知性"女人，既有人格的魅力，又有女性的吸引力，更有感知的影响力。她不仅能征服男人，也能征服女人。

弹性是性格的张力，有弹性的女人收放自如、性格柔韧。她非常聪明，既善解人意又善于妥协，同时善于在妥协中巧妙地坚持到底。她不固执己见，但自有一种非同一般的主见。男性的特点在于力，女性的特点在于收放自如的美。其实，力也是知性女人的特点。唯一的区别就是，男性的力往往表现为刚强，女性的力往往表现为柔韧。弹性就是女性的力，是化作温柔的力量。有弹性的女人使人感到轻松和愉悦，既温柔又洒脱。

这类女人不必有羞花闭月、沉鱼落雁的容貌，但她必须有优雅的举止和精致的生活；不必有魔鬼身材、轻盈体态，但她一定要重视健康、珍爱生活。她们在瞬息万变的现代社会中总是处于时尚的前沿，兴趣广泛、精力充沛，保留着好奇纯真的童心。她们不乏理性，也有更多的浪漫气质——如春天里的一缕清风。书本上的精词妙句，都会给她带来满怀的温柔、无限的生命体悟。她们因为经历过人生的风风雨雨，因而更加懂得包容与期待。具有了灵性与弹性完美统一的内在气质。具体来说，女人的魅力主要体现在以下几个方面。

1. 丰富的内心

有理想，是内心丰富的一个重要方面；有知识，是内心丰富的另一个重要方面，这是现代女性必不可少的。掌握一定的科学文化知识会使女性魅力大放光彩。除此以外，女性还需要胸怀开阔。法国作家雨果说过："比大海宽阔的是天空，比天空宽阔的是人的胸怀。"然而，多数女人做不到这一点。

2. 突出的个性

女性的美貌往往具有最直接的吸引力，而后，随着交往的加深、了解的广泛，真正能长久地吸引人的却是她的个性。因为这里面蕴含了她自己的特色，是在别人身上找不出来的。正如索菲亚·罗兰所说："应该珍爱自己的缺陷，与其消除它们，不如改造它们，让它们成为惹人怜爱的个性特征。"刚柔相济是中国传统美学的一条原则，人的温柔并非沉默，更不是毫无主见。相反，开朗的性格往往透露出女性天真烂漫的气息，更易表现人的内心世界。

### 3. 优雅的言谈

言为心声，言谈是窥测人们内心世界的主要渠道之一。在言谈中，对长者尊敬，对同辈谦和，对幼者爱护，这是一个人应有的美德。

### 4. 高雅的志趣

高雅的志趣会为女性的魅力锦上添花，从而使爱情和婚后生活充满迷人的色彩。每个女性的气质都不相同。女性的气质跟女性的人品、性情、学识、智力、身世经历和思想情操分不开。要有优雅的气质和风度，需有良好的教育和修养。

我们可以这么说，魅力实际上是一种无形的吸引力，是人类社会中各种交往活动不可缺少的条件，也是由心理、社会、文化、习惯经验等诸多因素相融合的统一体，并在人际交往中得以充分的表现。魅力包含着深厚而丰富的心理内容，是一种人格特征，是人们心理机制与外在行为的完美统一，也是人际间评价美的唯一的标准。

## 温柔是温暖的港湾，人人都愿意停靠

作为一个现代女性，不仅要保留自己独立的个性，也要保留那传统的温柔之美，这会让你受益无穷，也是你一生的魅力所在。

谈起"温柔"，人们总是给它插上自由飞翔的双翅，把它喻为闭月羞花、沉鱼落雁、轻歌曼舞、雅乐华章，还有人把它喻为最纯洁的"水"。水——那一汪汪波光粼粼、清清浅浅的水，是那么的明净透彻、可亲可爱，多少人为它发出了由衷的感叹，多少人对它表示了惊喜的礼赞——温柔之美啊！美就美在柔情似水。著名学者朱自清在《女人》一文中对女性的温柔做了绝妙的描绘："我以为艺术的女人第一是她的温醉空气，使人如听着箫管的悠扬，如嗅着玫瑰的芬芳，如躺在天鹅绒的厚毯上。她是如水的蜜，如烟的轻，笼罩着我们。我们怎能不欢喜赞叹呢……"由此可见，女性品格的这种温柔的美，是多么令人陶醉，多么令人沉湎，多么令人神往！

女人最能打动人的就是温柔。当然，这种温柔不是矫揉造作。温柔而不做作的女人，知冷知热、知轻知重。和她在一起，内心的不愉快也会烟消云散，这样的女人是最能令人心动的。

一个女人站在面前，说上几句话，甚至不用说话，你就能感觉出这个女人是不是温柔。这种女人味与年龄无关，甚至与外表也没有特别大的关系。

"现在的女孩子都一副咄咄逼人的样子，一点儿也不温柔!"经常可以听到一些男士对现代女性发出类似的怨言。的确，与过去的女性相比，有些现代女性很少有柔顺体贴、小鸟依人的时候了。取而代之的，是作风像男性、满不在乎的所谓"新潮女性"。对于男士的"悲叹"，你可能会柳眉倒竖、杏眼圆睁、气势汹汹地反驳："时代不同了，现在我们可是和男人'平起平坐'的。你大学毕业，我还念过研究生呢；你月收入3000，我还年薪50000呢! 我干吗对你百依百顺，做出一副可怜兮兮的'柔弱'状?"

这些话虽然言之有理，但是不论中外，雄性都是代表阳刚，雌性则代表阴柔。有学问、有能力的女性固然令男士倾慕，但也不应该因此而失去女性特有的温柔。

所谓女人味，是指那种看起来含蓄、优雅、贤淑、柔静的女人的味道，也是一种令一般男性不可抗拒的力量。尤其是处于保守的东方社会，男人所期望的仍然是富有母爱温柔的女性，如果女性的行为太开放、言语太大胆，只会令男士们望而却步。

在生活中，男性的严肃常常显示出一种深沉、成熟、沧桑、刚毅之美，而女性的严肃则更多地给人以冷漠、严厉的感觉，甚至得到"不像个女人"的评价。观察你身边的女人，你会发现：讨人喜欢、人缘好的往往不是那些"冷面美人""病态西施"，而是那些面相随和、温柔的女性。即使她的五官不精致、身材欠婀娜，但她洋溢着善良与爱心的神情气质，却能给人一种精神上的美感和情感上的抚慰。因为人是有思想的，需要的是鲜活生动的、感情上的相互交融与关爱。对于女性，人们期待更多的是一种蕴含着母爱的美，这是一种崇高的美。这种美能够弥补先天的缺憾，使年轻的女性可爱、年老的女性伟大。

温柔是女人的终极武器，哪个男人不愿意被这样的武器击倒？温柔有一种绵绵的诗意，它缓缓地、轻轻地蔓延开来，飘到你的身旁，扩展、弥散，将你围拢、包裹、熏醉，让你感受到一种宽松、一种归属、一种美。

温柔是女性独有的特点，也是女性的宝贵财富。如果你希望自己更完美、更妩媚、更有魅力，你就应当保持或挖掘自己身上作为女性所特有的温柔性情。

那么在日常生活中，女性怎样才能让自己的表现更温柔、更有魅力呢？你可以从以下 7 个方面来培养并释放自己的柔性魅力。

1. 通情达理

这是女性温柔的最好表现。温柔的女性对人一般都很宽容，她们为人谦让、对人体贴，凡事喜欢替别人着想，绝不会让别人难堪。

2. 富有同情心

这是女性的温柔在为人处世方面的集中表现。对于老、弱、病、残、幼及境遇不佳者，女性都应表现出应有的同情，并尽自己最大的努力去帮助他们。

3. 吃苦耐劳

这是东方女人的传统美德，特别表现在家庭生活方面。已婚女人要相夫教子、孝敬长辈、勤俭持家，同时还要兼顾自己的工作，这就更需要女人有吃苦耐劳的精神。

4. 善良

就是要有爱心，对人对事都抱着美好的愿望，乐于关心和帮助别人。对家人尤其是子女要表现出更多的关爱。

5. 性格柔和

温柔的女人绝对不会一遇到不顺的事就暴跳如雷或火冒三丈。以柔克刚，这是温柔女人的最高境界。

6. 温馨细致

让人心动的不只是一个女人做出了多么惊人的业绩，更多的情况下是女人那种适时适地的细心关怀和体贴，最能让人怦然心动。和她一同出门时，你吃东西弄脏了手，她将备好的纸巾递上；衣服扣子掉了，细心的她正好带着针线……这些细微之处充分体现了女人难以抗拒的温柔魅力。

## 7. 不软弱

温柔绝不等于软弱。温柔是一种美德，是内心世界力量充实的表现，而软弱则是要克服的缺点，二者不可混淆。

总之，温柔可以体现在各个方面，在聪明女人的生活领域，处处都能体现出温柔的特征。而且值得回味的是，女性的温柔不但能够超越国家的界限，把它的芳香洒向世界各地，还可以突破时间年龄的约束，永远贯穿每个女性的一生。

女性正是依着自己那千种风流、万般妩媚的温柔性格，才给男士开辟了一个可以置身于其中的温馨世界，从而达到了爱情生活的美好和谐；才给男士创造了一个可以感受其内在的审美对象，女性从而在同阳刚之美的对立统一中看到了自身存在的价值，使自身的美感境界得以自由伸展和全面升华。

# 女人，让爱心和善良与你同行

一个女人的生命，除非有助于他人，除非充满了喜悦与快乐，除非养成对他人怀着善意的习惯，对他人抱着亲切友善的态度，并从中得到喜悦与快乐，否则她就不能称得上成功，也不能称得上幸福。

佛家常说，放下屠刀，立地成佛。人生在世，谁都会犯错，有人甚至一错再错，陷入迷途而不知悔改。但只要心底深处的良知尚未完全泯灭，他的灵魂便仍旧保持着一份清净。

善良，是一种温馨的力量，它总是很容易地聚集人气，使你成为最受欢迎的人。

英国有位孤独的老人，无儿无女又体弱多病，他决定搬到养老院，并宣布出售自己漂亮的住宅。

因为这是栋有名的住宅，所以购买者闻讯蜂拥而至。住宅的底价是 8 万英镑，但人们很快就将它炒到 10 万英镑，而且价钱还在不断攀升。老人深陷在沙发里，满目忧郁。是的，要不是健康状况不行了，他是不会卖掉这栋他度过大半生的住宅的。

一个衣着朴素的年轻女人来到老人面前，弯下腰低声说："先生，我也想买这栋住宅，可我只有1万英镑。""但是，它的底价就是8万英镑，"老人淡淡地说，"而且现在它已经升到10万英镑。"女人并不沮丧，她诚恳地说："如果你把住宅卖给我，我保证会让你依旧生活在这里，和我一起喝茶、读报、散步。相信我，我会用整颗心来照顾你！"

老人站起来，挥手示意人们安静下来。"朋友们，这栋住宅的新主人已经产生了，就是这位姑娘！"

多一份付出，就像一盏大灯一样照着你自己，并使你更深层次的感悟：什么是人生？多份付出，能够使你确信你正在做正确而且有益的事情，它使你更能对自己的良知负责，并且给你信心。多份付出，还在于它能使你强化自己的能力，并且追求更高质量的生活。因为，此时你拥有着最佳的心态，并借着有规律的自律行动，你将越来越了解多付出一点点的整个过程和意义。

善良能给予人们莫大的收获。女人要想收获幸福，就要懂得心存善念，多行善事。

## 善解人意，女人为自己佩戴的魅力光环

作家李敖对好女人曾有这样的评价："真正够水准的女人，她聪明、柔美、清秀、妩媚、有深度、善解人意、体贴自己心爱的人，她的可爱毫不嚣张，她像空谷幽兰，只是不容易被发现而已。"

女人最重要的一点就是"善解人意"，一个善解人意的女人，一定是一个集聪明、温柔、大方、体贴于一身的人。

法国巴黎的拉·维耶酒店和其他的酒店不一样，那里没有菜谱。当人们来到小酒店时，66 岁的女主人会告知你该吃什么东西、不该吃什么东西，如果她知道你在减肥节食或者看上去应该节食，她就不会给你上小牛肝、小牛肾之类的高蛋白食物。即使你点了别的菜，她也不给你，因为她完全知道什么食物对你有好处。

在这个小酒店里，女主人像一位母亲或家庭主妇似的，当天想到什么菜就烧什么菜。而客人也像回到家里一样，她烧什么菜就吃什么菜，不需自己点菜。这个小酒店的这一经营特色招

徕了不少客人，有一位叫亮的顾客竟在她的店里吃了 25 年午餐。

这位叫亮的顾客一口气说出了他在这儿连续吃午餐的数十个原因，其中若干个都跟女老板的善解人意有关。亮第一次到这里吃饭是因为他工作被炒掉，而他当月的薪水又被贪婪的上司扣发，所以一肚子委屈和苦闷地来到了这个小酒店。但他没想到自己会被酒店的女老板狠狠地批评了一顿，因为爱喝酒的他怕在酒店里买酒太贵，每次吃饭前总要在外面小店里买一些劣质酒。他被老板训斥的原因是因为他的脸色不好，象征着他的肝脏不好，女老板给他换了一瓶对肝脏有保护作用的温酒，并免了他的酒水费，本来心情很不好的他得到了一份莫名的关心，一下子食欲大增。

亮还说了他和一位正闹离婚的朋友一起在拉·维耶酒店吃饭的故事。那天酒店里的一道菜和他的那位朋友的妻子常常做的一个味道。女老板不一会儿走来问菜的味道怎么样，当问亮的朋友时，亮的朋友拼命地点头说："味道不错。"亮的那位朋友回家后，发现妻子做的正好是刚吃过的那道菜，忍不住想对比一下，结果尝完以后，感觉很好，便大声对妻子说"味道不错"，他妻子幸福得差点掉下眼泪。因为结婚以来，他这还是第一次夸奖妻子，妻子正因为他不善解人意而跟他闹离婚。后来亮的这位朋友常到小酒店吃饭。

这家小酒店之所以能吸引那么多的顾客，就在于老板娘的善解人意。其实女人要善解人意，并不是一件易事，不仅要有宽广的胸襟，还要有聪明的头脑。

善解人意的女人对人生有领悟，她知道自己的男人虽然是她今生今世的至亲至爱，但在男人骨子里事业还是胜过爱情。

善解人意的女人无论在什么时候都不会把男人当成私有财产，要男人对自己言听计从，不会在男人忙于工作时抱怨男人不顾家，也不会让男人时时刻刻牵挂着自己。

善解人意的女人知道好男人就像在高天中盘旋的鹰，只有当这只鹰很累了或想要休息时，才会回到女人身边，才会想起享受他的爱情。

善解人意的女人知道男人把荣誉和脸皮看得比生命还重，知道在男人的精神世界里有哪些禁区，她总是很小心地不去碰这些禁区，她总是想着不要使男人的尊严受到伤害。

善解人意的女人绝不会和自己的男人斗气斗勇，绝不会像泼妇一样把男人打得像只斗败的公鸡。

善解人意的女人知道男人发火 90% 以上不是眼前这个原因，导火索潜存于男人的情感世界的另一处。

善解人意的女人深知平平淡淡才是真、点点滴滴总关情。

男人多数是极具理性的，他们不会因为善解人意的女人谦让而得寸进尺，他们会对善解人意的女人心存感激。在生活的河流上，他们同乘一条船，用风雨同舟显然已经不够，因为在男人眼里，善解人意的女人不仅仅是坐船的，也不仅仅是划船的，而是帮着男人掌舵的。

女人，让你的善解人意为你佩戴上魅力的光环吧！

## 改变表达方式，温柔地说出你的不满

聪明的女人在与丈夫发生争执时会以柔克刚，温柔地说出自己的不满，从而掌握主动，让婚姻在磨合的过程中更亲密、更融洽、更快乐。

每个人都是有缺点的，当你发现丈夫的缺点时，如何避开口舌之争，还能让他心甘情愿地为你做出改变呢？这就取决于你的言语方式。

其实，化解这场战争并不需要强大的力量或做出什么巨大的改变，它需要的仅仅是字眼的小小改变，这种小小改变能使你的话语充满神奇的色彩，而最主要的则是调节你的情绪，不要带着火气和抱怨，这才是创造和谐关系的秘密所在。

1.不要用责备的口吻否定他

责备你的另一半行为不当，你往往会指出做这件事的正确和错误的方法。虽然看上去你的方法可能最好，可事实上它常常是带有你的主观偏好的。葛特曼博士指出："责难会使夫妻感情疏远。"家庭中两个人要做到相互平等，当需要做家务活时，男人们必须抛掉让自己很舒服的想法；而女人也得放弃控制男人完成这件事的过程。显然，做他的顾问比对他指手画脚效果要好得多。

千万不要完全否定他，像"这事你一直就没做对过"这句话要改为："你是做了很多努力，但用这种方式是不是太费劲了？"不要吝啬对他的感激和肯定之词，这会令他乐于继续坚持下去。幸福的夫妻往往建立在彼此欣赏的基础上，学会赞美，哪怕是日常生活中最细枝末节的地方，也不要忘记说声"谢谢"。

2. 不要说"为什么你总是不听我说"

如果你说你的伴侣总是不听你的，不仅满是责备而且夸大了怨气。毕竟，即使是最不虚心的人，对你所说的话也会在意几分。美国西雅图华盛顿大学社会学教授佩伯·施沃兹指出：如果你使用"总是"或者"从不"这样的字眼，你的丈夫此刻就不可能和你进行正常的交谈。同时，这种全盘否定的说法，也把问题的责任全部推到他的身上，而让自己脱离了所有干系。

而以"这对我真的很重要"这句话作为开场，则会为你打开一扇进行建设性对话的大门。它会令你有机会说出被他拒绝的话，而且提出解决问题的建议。

在表述你的观点时要冷静。丹佛大学心理学教授赫沃德·玛克曼博士认为，通常妻子对丈夫最大的抱怨是他完全不和你说什么；而丈夫们最一致的看法却是说得太多会引起争执。

因此，他建议：如果你想你的丈夫不仅听你说，而且更多地和你交流，就要始终做到心平气和。

3. 不要随便威胁他

"说得对，我正是要离开你！"这句威胁的话听上去好像很引人注意，但它们往往很危险，而且不给进一步的交谈留一点余地。施沃兹教授解释说："你的丈夫可能会对你说'再见'，或者讥讽你不过是做做样子，而这两种结果都是对你的一种羞辱。"就算你确实怒气冲天一走了之，你们的关系也不会就此结束，尤其还要牵涉孩子的问题。

不要把那些一触即发的冲动放在心上，毕竟你并不是真的想要离开，要寻求能就此进行交流的途径。在这种情况下，只要夫妻间的关系还没有破裂，说出真实的感受有助于接触到问题的根本。不过，对于大多数婚姻而言，动不动就用离开来进行威胁，只能随着时间的推移而变成现实。葛特曼解释说："这就有点像自杀，总是威胁要离婚的人，将自己未来的道路一点点地逼进绝境。"当你气急败坏、无法控制自己的情绪的时候，你也只能这么说："那给我一种想要离开你的感觉。"

女性朋友们应该学会用温情的言语对待丈夫，如果和丈夫说话总是生硬的，或者你的本意也许是好的，可话说出来就会变了味。因此，最好改变你的表达方式，温柔地说出你的不满，这样既可以改变他，还能维护好你们之间的感情。

## 委婉含蓄，将语言"软化"后再说出来

委婉含蓄的说话艺术，能有效地避免生硬和直率带来的各种弊端，让女人的人际往来更加顺畅。

对于女人来说，不能什么事都直来直去，要学会委婉含蓄地表达。

委婉，或称婉转、婉曲，是指在讲话时不直陈本意，而用委婉之词加以烘托或暗示，让人思而得之，而且越揣摩含义越深越远，因而也就越具有吸引力和感染力。

现代文学大师钱钟书先生是个谦逊的人，居家耕读，最怕被人宣传，尤其不愿在报刊、电视中露面。他的《围城》再版以后，又拍成了电视剧，在国内外引起轰动。不少记者都想约见采访他，均被钱老谢绝了。一天，一位英国女士打通了他家的电话，恳请让她登门拜见。钱老一再婉言谢绝没有效果，最后说："假如你看了《围城》，像吃了一只鸡蛋，觉得不错，何必要认识那个下蛋的母鸡呢？"

钱先生的回话虽是借喻，但从语言效果上看，却达到了"一石三鸟"的奇效：其一，是属于语义宽泛、富有弹性的模糊语言，给听话人以思考悟理的伸缩余地；其二，与外籍女士交际，不宜明拒，采用宽泛含蓄的语言，尤显得有礼有节；其三，更反映了钱先生超脱名利的这种谦逊淳朴的人格之美。

可见，委婉含蓄主要具有三方面的作用：第一，人们表露某种心事、提出某种要求时，常有羞怯、为难心理，而委婉含蓄的表达则能解决这个问题。第二，每个人都有自尊心。在人际交往中，对对方自尊心的维护或伤害，常常是影响人际关系的直接原因。而有些表达，如拒绝对方的要求、表达不同于对方的意见、批评对方等，又极容易伤害对方的自尊。这时，委婉含蓄的表达则既能达成表达任务，又能维护对方自尊。第三，在某种情境中，例如有第三者在场，有些话不便说，这时就可用委婉含蓄的方式表达。

关于委婉含蓄的表达，大致有如下几种方法。

一是仔细研究事物之间的内在联系，利用同义词语表达自己的思想；

二是由外延边界不清或在内涵上极其笼统概括的语言来表达自己的思想；

三是使用修辞方式，如比喻、借代、双关、暗示等；

四是有些事情不必直接点明，只需指出一个较大的范围或方向，让听者根据提示去深入思考，寻求答案；

五是侧面回答对方的问题。

最后，还要关注这样一种情况，委婉含蓄不等于晦涩难懂，它的表现技巧首先是建立在让人理解的基础上，同时要注意使用范围。如果说话晦涩难懂，便无委婉含蓄可言；如果使用委婉含蓄的话语而不分场合，便会引起不良后果。切记掌握好语言的"软化"艺术。

## 眼神温柔起来，给他一种美好的感觉

一对恋人在一起，彼此一言不发，仅靠含情脉脉的眼神就能表达双方爱慕之意。在处世时，你的温柔的眼神也可以发挥很大的作用。

直觉敏锐的客户初次与推销人员接触时，往往仅看一下对方的眼睛就能判断出"这个人可信"或"要当心这小子会耍花样"，有的人甚至可以透过对方的眼神来判断他的工作能力的强弱。

与人交往时，能否博得对方好感，眼神可以起主要的作用。以推销人员为例，言行态度不太成熟的推销员，只要他的眼神好、有生气，即可一优遮百丑；反之，即使能说会道，如果眼神不好，也不能博得客户的青睐，反而会落得"光会耍嘴皮子"的下场。不少推销人员在聊天时眼神柔顺，但在商谈时却毛病百出，尤其在客户怀疑商品品质或进行价格交涉时，往往一反常态与之争吵起来。

一本正经的脸色和眼神有时虽也能证明他不是在撒谎，但是，这种情况仅在客户争相购买的时候才会起好的作用。在一般情况下，一本正经往往容易伤害对方的感情而导致商谈失败。作为一位推销人员，不论如何强烈地反驳对方都必须笑容满面，如果不笑就无法保持温柔的眼神。在推销员的"辞典"里，没有嘲笑的眼神、怜悯的眼神、狰狞的眼神或愤怒的眼神。下面这些都是遭人反感的不当眼神，女人一定要注意在实际工作中尽量避免掉，以免给工作带来不利影响。

1. 不正眼看人

不敢正眼看人可分为不正视对方的脸，不断地改变视线以离开对方的视线，低着头说话，眼睛盯着天花板或墙壁等没有人的地方说话，斜着眼睛看一眼对方后立刻转移视线，直愣愣地看着对方，当与对方的视线相交时立刻慌慌张张地转移视线，等等。

大家都知道，怯懦的人、害羞的人或神经过敏的人是很难成事的。

2. 贼溜溜的眼神

当找人办事时，你要是有一双贼溜溜的眼睛可就麻烦了。有的人在找别人办事时常有目的地带着一副柔和的眼神，可是一旦紧张或认真起来则原形毕露。

这种人必须时时刻刻注意自己平时的行为，养成使自己的眼神温和起来的习惯。此外，对一切宽宏大量，是治疗贼溜溜眼神的最佳办法。

### 3. 冷眼看人

有一颗冷酷无情的心，那么眼神也会给人一种冷冰冰的感觉。有的人心眼虽然很好，可是两眼看起来冷若冰霜，例如理智胜过感情的人、缺乏表情变化的人、自尊心过强的人或性格刚强的人等往往有上述现象。这种人很容易被人误解，因而很容易被人嫌弃，这是十分不利于工作和生活的。

这类人完全可以对着镜子，琢磨一下如何才能使自己的眼神变得柔和、亲切及惹人喜欢，同时也要研究一下心理学。如果对自己的矫正还不太放心，可请教一下身边的朋友。

### 4. 混浊的眼睛

上了年纪的人眼睛混浊是正常现象。但是有的人年纪轻轻也眼睛混浊、充满血丝。这样的人会给别人带来一种不清洁的感觉。

只要不是眼病，年轻人的眼睛本不会混浊。眼睛混浊的年轻人往往是由于睡眠不足和不注意眼睛卫生所引起的，因此，要注意睡眠和保证眼睛卫生。

### 5. 直愣愣的眼神

找别人时，环顾四周是件非常重要的事。如果你目不斜视、直愣愣地朝着对方的办公桌走去，那就是没有经验的表现。应该怎么办呢？首先，要环顾一下四周，视线能及的人（不要慌慌张张地瞪着大眼睛像找什么东西似的东张西望，而要用柔和亲切的眼神自然地环视四周），近的就走上前去打个招呼，远的就礼貌地行个注目礼。

对待任何人，即使是与你的业务并无直接关系的人，也要诚心诚意地和他们打招呼，这样不但可以提高你的声望，而且在某些情况下他们会给你意想不到的帮助。

另外，和很多人说话时行注目礼也是很重要的事，要一边移动视线交互看所有人的脸，一边说话。一般来说大家比较注意发言多的人，而往往忽视了不发言的人，这就有点失礼了。对一言不发的人也要注意到，这样一来气氛就会更融洽。

总之，你要尽可能想办法克服上述那些不利的眼神。平时你也可以将自己所喜爱的、认为极富魅力的明星照片放在随时可以看到的地方，并经常观察。坐到镜子前，看看你眼睛的形状和光亮度，看你适合哪种眼神，做媚眼、平视、瞪眼、斜眼等动作，找到令你感觉最好的眼神并加以训练，等你习惯以后就会不自觉地流露出来了。一些人或许会认为对明星神态的模仿只会出现一个令人恶心的复制品，这种看似不乏说服力的担忧实际上是杞人忧天。由于每个人所处的环境和社会经历不同，无法造就两种完全相同的气质。在你完全熟练把握某种神情时，那已经是你自己的感觉而不是玛丽莲·梦露的感觉，因为这种感觉的差异，使你神情的发挥和把握显示出某种不同的个性来。

只要你加以练习，就会让自己的眼神看起来更加温柔，给人留下美好的感觉。这样就会有利于我们的人际交往。

第五章

心若琉璃，做一道温暖
人心的阳光

# 好命女人都有好心肠

一个心地善良的人，必是一个心灵富足的人，同时，其善良的举动也会带给他人内心的感动和震撼。有时，善良的表现还会给自己带来意想不到的回报。

曾经，无论是家长还是老师，教育女孩时都说，心地善良最重要。

如今，有些年轻女人的口头禅是"人不为己，天诛地灭"。

无论曾经还是现在，童话故事中总有这样的结尾："从此，王子和公主过上了幸福的生活。"

无论曾经还是现在，每个女人都喜欢这样的结局，可是不要忘了，王子用来区分真假公主的唯一标志是：一颗善心。

佛家常说，放下屠刀，立地成佛。人生在世，谁都会犯错，有人甚至一错再错，陷入迷途而永不回头。但，只要心底深处的善念、良知尚未完全泯灭，他的灵魂最终可以回归。

善良，是一种温馨的力量，它聚集人气，使你成为最受欢迎的人。一个人除非有助于他人，除非充满了喜悦与快乐，除非养成对人人怀着善意的习惯，对人人抱着亲爱友善的态度，并从中得到喜悦与快乐，否则他就不能称得上成功，也不能称得上幸福。

一个贫穷的小男孩饥饿难耐，他决定向一户人家讨口饭吃。开门的是一位美丽的少女，男孩不知所措了，他没有要饭，只乞求给他一口水喝。女孩看了看他，拿了一大杯牛奶出来。男孩喝完牛奶后问："我应该付多少钱？"女孩微笑说："什么也不用。"男孩怀着感恩的心走了，善良的女孩激起了他心中的斗志，他本来打算退学的，但此时放弃了这个念头。

数年之后，女人得了一种罕见的重病，被转到大城市医治，由专家会诊治疗。当年的那个小男孩如今已是大名鼎鼎的霍华德·凯利医生，他也参与了医治方案的制定，并且从病人的病历资料上认出了她就是当年的善良女孩。从那天起，他就特别地关照这个病人。经过努力，手术成功了。凯利医生要求把医药费通知单送到他那里，他在通知单上签了字。

当医药费通知单送到女人手中时，她不敢看，因为她知道治病的费用将会花去她的全部家当。当她鼓起勇气翻开时，她看到了这样一句话："医药费———满杯牛奶。霍华德·凯利医生。"

爱心没有早晚。拥有它的女人，既赠予他人幸福，又让自己的生命从容而无悔。古人说，朝闻道，夕死可矣。同样，播种爱与善的种子，任何时候都不算太晚。

多一份付出，使你更深层次地感悟什么是人生；多一份付出，能够使你确信你正在做正确而且有益的事情，使你更能对自己的良知负责并且给你信心；多一份付出，还在于它能使你强化自己的能力，并且追求更高质量的生活。

　　那些真正好命的女人，都有一副好心肠。

## 若要世人爱你，你当先爱世人

爱的力量是相互的，要获得他人的喜爱，首先必须真诚地喜欢他人。这种喜欢必须是发自内心的，而非另有所图。

一个女人如果只关心自己，她很难成为一个被人喜欢的人。要成为令人敬重的人，必须将你的注意力从自己的身上转到别人身上去。哲学家威廉·詹姆斯说："人性中最强烈的欲望便是希望得到他人的敬慕。"如果你只是过度地关心你自己，就没有时间及精力去关心别人。别人想获得你的关心，却无法从你这里得到，当然也不会去注意你。

一个女人希望被别人喜欢、敬重，必须先学会关爱别人，真正地去关心别人、爱别人，激励他们展现最好的一面。那样，别人也会加倍地关心你、爱护你。

最好的朋友是能将你内心中最好的潜质引导出来的人。如果你帮助他，使他达到他内心中所期望的境界，你当然可以赢得他的敬重和信赖。如果在一个艰难的处境中，你能对一个人表现出你的理解和耐心，那么，他也同样会对你非常敬重。

你的行动和语言一样能表明思想，有时甚至比你的语言更明白、更直接。

如何让他人爱你呢？你可以尝试以下几种方法。

（1）记住对方的名字。熟记对方的名字可使对方对你产生深刻的印象。这是因为姓名对于个人而言，可以说是最具代表性的。

（2）尽量使自己成为一个随和的人。总之，你必须是一位态度轻松自然、毫不做作的人。

（3）为避免发怒生气，训练自己面对任何事都能泰然处之、从容不迫。

（4）不自私。无论任何事情都不逞强或力求表现，而以自然的态度去应对。

（5）保持关心事物的态度。如此一来，人们会乐于与你交往，而受到关心的对方也会因你而得到鼓励。

（6）尽量除去个性中不拘小节之处，即使是在无意中产生的。

（7）努力化解心中的抱怨。

（8）试着喜欢每一个人。尤其不要忘记威鲁洛加斯所言"我从未遇过讨厌的人"，并秉承这一信念努力实行。

（9）对于友人的成功发展不要忘记表示祝贺之意。同样地，在友人悲伤失意时，也要致以同情之意。

（10）对于他人应有深刻的体验，以便对他人有所帮助。若能尽心尽力帮助他人，他人也会对你付出关怀与爱心。

只要你按照上面的规则行动起来，就会成为受欢迎的人了。如果你对他人真正有兴趣，经常关心他们，这无疑增加你获得成功和幸福的概率，别人也会因此而喜欢你。

## 善良的女人持有幸福的通行证

女人有了善良才不会迷失方向，心胸才能宽阔，目光才会高远，才能够获得更多的信赖和人气。这种内在的气质修养比化妆品更能滋润你，让你的魅力光彩绽放一生。

在生活中，遇到困难的人，不管是你认识的还是不认识的，你都有义务伸出援助之手。只要还有能力帮助别人，就没有权利袖手旁观。休谟说："人类生活的最幸福的心灵气质是品德善良。"

每个人都应该在心中播种善良的种子：一个爱的字眼，有时能把人从痛苦的深渊中拯救出来，并且带给他们希望；一个微笑，有时能让人相信他还有活着的理由；一个关怀的举动，甚至可以救人一命……善良是一个女人的魅力和武器。众所周知，善良可以让一个女人获得无可替代的信任、无怨无求的帮助、暖人心扉的理解和同情。作为一个有魅力的女人，你对自己的各种要求里，最首要的一条就是善良。

虽然男人喜欢的女人千差万别，但是善良是最基本的品质。没有一个人会喜欢凶恶狠毒的母夜叉，让自己陷入万劫不复的深渊。

　　一个冬天的晚上，詹姆斯的妻子不慎把皮包丢在一家医院里。詹姆斯焦急万分，连夜去找，因为皮包内装着10万美元和一份十分机密的市场信息。当詹姆斯赶到那家医院时，他一眼就注意到，一个冻得瑟瑟发抖的瘦弱女孩靠着墙根蹲在走廊里，在她怀中紧紧抱着的正是妻子丢失的那个皮包……

　　这个叫尤兰达的女孩，是来这家医院陪妈妈治病的。她们的钱已经用完了，这笔钱正好可解燃眉之急，但母女两人决定还是要还给失主，于是尤兰达就在走廊里等着了。

　　詹姆斯感激不已，主动提供了她们急需的帮助，并在尤兰达的母亲死后，主动收养了尤兰达。此后，尤兰达读完了大学，并协助詹姆斯料理商务。虽然詹姆斯一直没给她任何实际职务，但是，他的智慧和经验潜移默化地影响着她。她在长期的历练中，成了一个精明成熟的商业人才。詹姆斯到晚年时，很多商业决策都要征求尤兰达的意见。

　　詹姆斯临终之际，留下这样一份遗嘱："在我认识尤兰达母女之前我就已经很有钱了。可是，当我站在贫病交加却拾金不昧的母女面前时，我发现她们最富有。因为她们恪守着至高无上的人生准则，这正是我作为商人最缺少的，是她们让我领悟到人生最大的资本是品行。我收养尤兰达既不是知恩图报，也不是出于同情，而是请了一个做人的楷模。有她在我的身边，生意场上我会时刻铭记哪些该做、哪些不该做，什么钱该赚、什么钱不该赚。这就是我后来事业发达的根本原因。我死后，我的亿万资产全部留给尤兰达。这不是馈赠，而是为了我的事业能更加兴旺。我深信，我聪明的儿子能够理解我的良苦用心。"

詹姆斯从国外回来的儿子，仔细看过父亲的遗嘱后，毫不犹豫地在财产继承协议书上签了字："我同意尤兰达继承父亲的全部资产，只请求尤兰达做我的夫人。"尤兰达看完富翁儿子的签字，略一沉吟，也提笔签了字："我接受先辈留下的全部财产——包括他的儿子。"

善良，是一种正面的力量，它总是很容易聚集人气，让周围的人都喜欢你。一个人，除非有助于人，感受到别人对他的需要，否则他就称不上成功，更称不上幸福。

## 善良娴静，诠释出无言的脱俗

　　与一个善良的女人相处，男人不仅无须戒备，而且会特别放松，时不时还会被她的美德善行所感动，除爱情之外，更对她有一分敬意。这样彼此敬爱交织、敬爱有加，便铸就了双方感情的铁打江山。

　　女人的美德，应首推善良的心灵。试想想，一个女人如果心胸狭窄、心地险恶的话，她的外形、声音再女性化，男人也不会长久地欣赏她的。即便开始他或许会迫不及待地追求她，但一旦认清她的"庐山真面目"，就会避而远之。

　　善良，主要体现在对弱者的同情和对处于困境者的支援。在大街上经常会看到一些女人，遇到乞丐，总会送上一元几角；看到行动不便的老人、残疾人，有需要时便上前搀扶一把。

　　善良的女人，不仅能够做到"己所不欲，勿施于人"，而且会设身处地为对方着想。

　　有一位在广州工作并成家的男士，一次突然接到住在农村老家父母的信，信中说："家中房屋被洪水冲塌了，好在你及时寄钱来，现在房屋已重新建起来了。"接到这样一封信，他蒙了，因为他不知道家乡遭了灾，更没有寄过钱。一问妻子，她才说："是我接到的信，就汇款过去了，也忘了告诉你。"她的这一举动，使丈夫感动不已：有妻如此，夫复何求？于是，他在心中暗暗发誓：以后一定好好珍惜爱妻。

善良是魅力女人的底线。只要你有一颗善良的心，便会有夫妻关系的良性循环、家庭关系的良性循环、社会人际关系的良性循环，最终你自己也会获益良多，处于丈夫疼爱、子女敬爱、亲戚朋友关爱的融融乐境之中。这样的女人自然是幸福而富有魅力的。

# 与人为善会使自己快乐

如果想从人生中得到任何快乐，就不能只想到自己，而应为他人着想，因为快乐来自你为别人、别人为你。

著名心理学家阿德勒对那些患有忧郁症的病人说："按照这个处方，保证你 14 天内就能治好忧郁症。每天想一个你得努力使他开心的人。"

罗西博士已经在床上瘫痪二十多年了，在卡耐基先生去拜访她之前，猜想她一定过得很痛苦、颓废，然而，当第一眼看到罗西博士时，卡耐基就意识到自己当初的想法简直太可笑了。事实上，她现在每天都过得很开心，也很充实，尽管她依然不能下床。

一阵寒暄之后，卡耐基问罗西博士，是什么样的动力使她能够如此快乐地面对人生。罗西笑着对卡耐基说道："说实话，戴尔！如果你不是我最好的朋友，我真的没有时间和你在这里做长时间的交谈。你想知道我为什么会如此乐观和快乐？很简单，那就是与人为善，帮助别人。"

原来，罗西在瘫痪以后并没有对生活失去信心，也没有被忧虑所困扰。她在心里始终都默念着威尔斯王子的那句话："我应该为别人提供帮助。"她让朋友帮她搜集了很多很多残疾病人的姓名和地址，然后分别给他们写信，鼓励他们勇敢面对生活，快乐面对现实。

后来，罗西博士组织了一个残疾人俱乐部。在里面，大家经常互相写信，交流各自的感受。如今，这个残疾人俱乐部已经成为一个国际性的组织，而罗西也是整个活动中最大的受益者，因为她得到了快乐。

幸福在于每个人如何看待幸福。你是否每天都觉得生活是那样的枯燥乏味？你是否从生活中找不到一丝的乐趣呢？或许我们每个人都应该向罗西博士学习，因为罗西博士的不幸要大过许多人，可是她从与人为善和帮助别人中得到了很大的乐趣。

罗西博士和别人最大的区别就在于，她把与人为善、给予别人快乐看成一种最大的快乐。事实上，罗西博士的想法和萧伯纳不谋而合。萧伯纳曾经说过："真正不快乐的人往往都是那些以自我为中心的人，因为他们总是在抱怨世界不能按照他的想法改变。"

劝说大家与人为善，并不是为了别人考虑，实际上恰恰是为了自己的快乐考虑。人生活在社会中，没有朋友应该说是最苦恼的一件事。然而，如果你能够与人为善，那么你就会为自己赢得很多的朋友，同时也会使你体会到生活的真正乐趣。

曾经有一位名叫莱斯的女士给卡耐基写信。在信中，她向卡耐基讲了一个发生在她自己身上的真实感人的故事。

莱斯女士的命运是很悲惨的，因为在她还是个孩子的时候，父母就相继离开了她，她成了可怜的孤儿。后来，她被镇上的一对好心的夫妇收养了，并说只要她能够做到不说谎、不去偷窃，而且能听话干活的话，那么她就可以一直留在这个家里。

这三句话深深地印在莱斯的心里，并时刻告诫自己不管在什么时候都必须遵守它。可是，一切并不像小莱斯想得那么简单，尽管她已经非常努力地去做了，但她还是摘不掉"小孤儿"的帽子。她开始上学后的第一个礼拜，情况简直是糟透了。班上的很多小朋友都不愿意和她玩，而且还经常取笑她难看的眼睛。更有一次，一个女孩居然把她头上的帽子抢了过去，用水把它灌坏，而且说之所以这么做是为了浇浇她的木头脑袋，让她能够清醒一点。

许多人听到这儿的时候，或许都会和莱斯女士开玩笑，给她出一些诸如"那你真应该和她们大吵一架"之类的馊主意。莱斯女士也的确曾经这样想过。可她总记得收养她的那位夫人对她说的，"你不应该对别人怀有敌意，而是应该努力让你身边的每个人都能够成为你的朋友。如果你和大家友善地交往，并且主动向别人提供帮助，那么你将会成为很多人的朋友，而不再是小孤儿"。

莱斯女士真的那样做了。她开始帮助班上那些成绩差的同学，因为她的成绩是全班最好的。她帮助同学辅导功课，还帮他们写辩论稿。不光这样，莱斯女士还主动和身边的人交往，帮助邻居们砍柴、挤牛奶或是喂牲口。

后来，两位老人去世了，莱斯也到外地去上学。当她大学毕业后第一天到家的时候，居然有两百多位邻居过来看她，而且有人是从 80 公里以外的地方赶来的。

卡耐基对莱斯女士说："你真快乐，莱斯！有那么多邻居发自真心地关心你，这让很多人羡慕不已。"莱斯十分自豪地说："是的，您说得很对。可是您不要忘记，这一切都是我自己争取来的。因为与人为善的是我，我给我的邻居们提供帮助，所以他们才会那么愿意和我做朋友。我真的很庆幸当初听了她的话，否则我不会像现在这么快乐。"

我们不禁为莱斯女士高呼"万岁"，因为她不仅知道该如何交朋友，更知道如何才能让自己快乐。可是，很多女士却并不像莱斯女士那样明智。她们不愿意给别人提供帮助，更不知道与别人友善交往的重要性。不过，这些女士也为自己的行为付出了代价，因为她们不是快乐的人。瞧，快乐是如此的难得，却又是如此的容易。

通常情况下，外在环境都不会因为我们的需要而发生改变，这样的情形只会出现在我们的想象中。而只要我们意识到与人为善的真正意义，相信每个人都会想立刻就让自己做到这一点。

"与人为善"，这简短的四个字，却充满着无穷的魔力。它简单易行，短期的付出得到的是长久的回报——心灵的自足。但一定不要误把与人为善理解为同情和包容。实际上，与人为善是一种爱的表现，是一种高尚情操的表现。

萧伯纳有一次在大街上行走，突然间被一个骑自行车的年轻人撞倒在地。看得出，年轻人很慌张，因为他认识萧伯纳这位声名显赫的文学家。萧伯纳却幽默地和这位年轻人说："真不走运，本来你可以借这个机会出名的，只可惜你没有把我撞死。"年轻人不好意思地笑了，而刚才那种非常窘迫的表情也随之消失了。

如果萧伯纳不能对这名年轻人无意的过失宽容的话，那么他的形象一定会在公众心中大打折扣。

当你想要获得快乐的时候，那么你首先要做的就是使你身边的人快乐，因为爱是相互的，也是可以感染的。

怀恩女士曾经有一段时间真的很难过，整日都处于自怜和忧虑之中，因为她的丈夫已经离她而去。每当圣诞节要来临的时候，怀恩女士的心情都非常地糟糕，因为这个节日使她更加思念和自己的丈夫在一起的日子，以致后来她开始惧怕圣诞节。

这一年的圣诞节，怀恩女士怀着痛苦的心情漫无目的地在街上走着。渐渐地，她来到了一处离城镇很远的小教堂，这是她以前没有来过的地方。怀恩女士有些累了，她走进了教堂，坐在教友椅上欣赏着一位手风琴手演奏的《平安夜》。也许是太累了，怀恩女士慢慢地睡着了。

当她醒来时，眼前出现了两位小姑娘。可以看得出，这两位小姑娘的家境并不怎么好，因为她们身上的衣服已经很旧了。怀恩走过去，问她们两个为什么没有和父母一起来。这两个小女孩告诉她，她们是孤儿。听了这两个小女孩的话，怀恩感到无比的惭愧，因为和这两位小女孩比起来，自己简直是生活在天堂里。怀恩带着她们看了圣诞树，还给她们买了很多糖果、零食以及各种小礼物。

从那以后，怀恩再也没有忧虑和痛苦过，因为她体会到了真正的快乐和幸福。这次经历告诉她，如果想使自己开心快乐，那么首先要做的就是让别人开心。

关心别人就等于关心自己。如果你帮助其他人获得他们需要的东西，你也会因此而得到自己想要的东西，而且你帮助的人越多，你得到的也就越多。比自身生命更高贵的奉献动机，会带来真正的快乐。

不管你的生活多么单调，但你每天总是不可避免地与一些人交往。那么，你又是怎么对待他们的呢？举一个例子，当你从辛苦的邮差手上接过家人或是朋友寄给你的信或是照片的时候，你们是否会对邮差表示感谢？很多人都不会这样做，因为她们并不认为杂货店售货员、擦鞋童或送报生有什么重要性。可是实际上这些人和你一样，都是一个完完整整的人，他们同样有着美好的梦想和崇高的理想。他们也渴望成功，渴望得到别人的关心，渴望和别人一起分享。可惜，你没有给他们机会。不如马上改变自己吧，就从你明早看到的第一个人开始。

有人可能会问："我为什么要这样做？这样做对我来说有什么好处？难道真的这么容易就能够获得快乐的生活吗？"

亚里士多德把与人为善的处世方法称为"开化了的自私"。罗斯特也说过："没有人要求你必须对别人好，它称不上是一种责任。然而，这种做法是一种享受，它可以让你变得健康，也可以使你变得快乐。"美国的富兰克林也曾经说过："如果你想对自己好，那么你就首先对别人好。"

女人如果想让自己从这一刻起就能收获健康快乐，不妨从这一刻起就做到与人为善。

# 用热情燃烧女人的美丽

热情之于女人，正如火焰之于凤凰，火焰让凤凰涅槃重生，热情之火锤炼着女人的灵魂，为其带来一次次新生。

成功学的创始人拿破仑·希尔指出，若你能保有一颗热忱之心，那是会给你带来奇迹的。热忱是富足的阳光，它可以化腐朽为神奇，给你温暖，给你自信，让你对世界充满爱。热情的女人是顾盼生辉的，热情的女人在人生的舞会上必然是全场的焦点。"如同磁铁吸引四周的铁粉，热情也能吸引周围的人，改变周围的情况。"

娴静可人并非沉闷不语，静若处子并非冷漠无心。年轻最大的好处就在于活力四射、飞扬洒脱，这是年轻的标志，所以不要为了使自己变得成熟而压抑内心的激情，把自己的生活变得麻木冷清。

有一位老太太，她的一条腿已被锯掉，但她很兴奋地描述说，她独自一人生活，她每天都是坐在轮椅上做家务，包括使用吸尘器、准备三餐、铺床等这些家务活。

她常对别人说:"只要你知道窍门,就不会有困难,而且我真的知道这里的诀窍,我并不觉得困难。虽然我身旁没有人,也得不到任何帮助。就算找到合适的女孩子,我也付不起费用。但是请你不用忧虑,我并不抱怨,我喜欢这种生活。"

曾经有人和她进行过以下一番对话:

"你的腿被锯掉有多久了?"来客问她。

"哦,大约5年了,当然已经习惯了。"老人平静地回答。

"你能从轮椅上下来吗?"

"当然,你难道认为我整天都闷在这间屋子里?"

"我的奶奶还时常给我们打气,"正当他们聊着,她那位27岁的孙子插话说,"我每隔两天来看她一次,每次都能从她身上得到一份新的热忱。而且那份热忱时刻鼓舞着我,使我充满了活力。"

"难道你从来不觉得沮丧吗?你毕竟少了一条腿。"来客紧接着问这位年老却热情得像火球一样的女性。

"沮丧?当然,我也有这种感觉。"

"当你沮丧的时候,你怎么办呢?"他进一步问。

"我只是克服这种感觉,还能怎么办呢?"

"听着,孩子。"她用手指着和她谈话的小伙子说,"是这样的,我经常阅读《圣经》,也相信里面所说的话,而且我不断对自己重复这段话:'我深信,我是拥有生命的,我将拥有更丰富的生命。'你知道吗，《圣经》并不认为这项诺言不适用于坐在轮椅上、少了一条腿，又是 90 岁的人。它只允诺丰富的生活，因此，我不断对自己重复这个诺言，并且过着丰富的生活。我很幸福，我拥有勇气。"

已年过花甲的老太太仍保持一颗年轻而热情的心，只是被生活小小打击了一下的我们又有何理由自暴自弃呢？

拥有热情，能带给女人真正的自信。当你专注于自己的兴趣而非外表时，你就有了自信。你不再以自我为中心，不再担心自己的工作表现，只急着充分地表现自己的热情。相信你一定看过小提琴家在演奏时满头乱发飞扬的场面，但他却只顾演奏，丝毫不关心外表如何。但恰恰是这份热情弥补了他的外表，为他创造了一个全新的形象，让观众为之倾倒。

不要把冷漠当作女人的成熟，冷漠是女人的衰老。要想拥有年轻而成熟的美丽，我们需要的是热情。热情是一团火，燃烧女人的美丽，绽放女人的年轻，拥有热情的女人，生活得总是激情四射，生活永远不会寂寞，她们总是在多姿多彩中度过。

热情是心灵深处迸发的一种力量。它能唤醒沉睡的潜能，使人不由自主地想要奔向光明。

化妆品行业的皇后雅诗兰黛，20 世纪 50 年代凭着"朝露"，这款飘逸着花果清香、洋溢着青春气息的香水白手起家，凭着自己的聪颖和对事业的高度热情，成为世界著名的市场推销专家。而由她一手创办的雅诗兰黛化妆品公司，也是世界首屈一指的化妆品公司。她在 80 岁前，每天充满激情、精神抖擞地工作 10 多个小时，她对待工作的热情实在令人惊讶。雅诗兰黛能有今天的地位，与她个人的热情是分不开的。

　　活出热情的意义，便找出你爱做的事，然后全力以赴。无论是否有能力得到金钱，你都要坚持到底，这便是真实生活的最好方法。当你从事自己爱做的事时，你不但精力充沛，而且活力十足，才不失为一个浪漫的人生。

# 激情四射的女人

凭什么女人就该磨灭了自己的梦想与激情，在男人身边做一个美丽的陪衬？我们可以有琼瑶、席慕蓉笔下女主角的柔情似水，也能成为又一个不羁的三毛。

从出生，到牙牙学语、蹒跚学步，再到小学、初中、高中、大学、工作、恋爱、结婚、生子、老去……这就是大多数人的人生行程表。在这个行程中，大多人寻求稳定的生活，尤其是对于女性来说，稳定往往压倒一切。可是，再喜欢喝白开水的女人，也会厌倦如白开水一般平淡的生活，尤其是当下的新女性，让内心充满激情才能书写更有魅力的人生。

相较于"70后"女人而言，"80后"女人身上表现出更多的激情和梦想，她们敢想敢做，不甘于平淡生活，这使得她们的人生途中花开不断，让早一个时代的女人们艳羡不已。而身为"长江后浪"的"90后"女人在浪漫的追寻上更是青出于蓝而胜于蓝。这才是新时代女性向往的生活，凭什么这些正值青春年华的女子，要守着一颗80岁老妪的沉闷心灵过活？

　　女人要是缺乏了激情，再美的玫瑰也不能激起她心底的涟漪。在电影《霸王别姬》中，张国荣的"不疯魔不成活"成就了故事的经典。其实人生又何尝不是一部戏，我们如何演活这部戏，这就需要我们"走火入魔"，投入生活中，而不是成为生活的旁观者，冷眼看待现实生活中的自己。

　　美云在大学时是个风云人物，她不仅有着卓越的领导能力，身任班长一职，还是学校文艺部的部长，能歌善舞，还利用自身天使般的脸庞和魔鬼的身材在校外兼职模特，无论到哪里，美云都是一个聚光灯，吸引了所有人的目光。她的大学生活缤纷灿烂。

　　大学毕业后，同学们各奔东西，美云也渐渐淡出大家的视线。5年之后的同学聚会上，大家却再也没看见大学时那个美丽热情的可人儿——美云，因为此时的美云变得肥胖而臃肿，曾经浪漫多情的眼神也已经蒙上了层层的黯然。原来美云毕业后，便在某市当局长的父亲安排下，进入××局当公务员。这是一份令人艳羡的工作，待遇高，福利好，对于刚毕业的大学生来说是怎么也摔不破的金饭碗。在这样的环境下，美云在单位只是嗑嗑瓜子，跟同事聊聊八卦。日复一日，热情和理想都被工作的无趣抹平了，麻木而被动地生活着。

　　我们不仅为美云叹惋，如此一个美丽、浪漫的女子，却被生活的平淡丑化了。在优越宽松的工作环境中，她失去了进取的动力，没有了更高的目标，满足于现状。她失却了那颗追寻浪漫的心，也就失却了她自身的魅力，任岁月在不经意间加速了她娇媚容颜的老去。

平淡是真，但完全的平淡就是麻木，是心灵的腐蚀剂。在现代，有多少个美云，在平淡中稀释了时间、浪费了光阴。不要以为平淡是对现实的一种应对，这其实是一种逃避。平淡的生活就如同鸡肋一般，食之无味，弃之可惜。这就是女人为之追求的浪漫生活吗？答案是"否"。无论世俗生活有多乏味，女人自己不能失去对生活的热情。

女人可以柔美如水，却不要让自己的生活也化为一杯淡而无味的白开水。于生活来说，平淡是福，但如果生活中只有平淡这个元素，生活就与快乐绝缘，浪漫也就失却了生存的基础，渐行渐远。

第六章

# 待人如春风，
# 笃定如秋水

# 不做孤芳自赏的冷美人

对一个人的人生而言，群体活动是其中的重要环节，人就是在群体活动中度过的。没有社交，没有群体活动，女人的人生会变得枯燥乏味，甚至了无情趣。

"请学会社交吧，因为你的面前是成群的职业高手！"这是美国著名女性专家波尔·特丝对现代女性的一句忠告。交际，是人类的基本需要。没有社交的女人是可怜的，没有女人的社交更是可悲的。随着社会的进步，女性参加社会活动的机会越来越多，女性从社交中获得的益处也越来越多。

有人说："30岁以前靠专业赚钱，30岁以后靠人际关系赚钱。"在一家信息公司开展的关于"哪类因素对职业生涯影响最大"的一项调查中，个人能力被大家公认为第一要素；其次有30.77%的受访者认为机遇起着决定性的作用；人际关系的因素被排在了第三位，有17.3%的受访者感受到了人际关系的重要性。其实这三样并不矛盾，往往具有累积加倍的功效。如果你有能力，而且在能力之外还有良好的人际关系，那么你一定会是一分耕耘、数倍的收获。

崇尚社交应该是女人的天性，女人对交际有天生的敏感。契诃夫说过："不和男人交际的女人渐渐变得憔悴。"与人相处，是女人生命的亮点。它不仅照亮女人，也让身边的人感到光艳夺目，让自己的人生更加幸福多彩。社交对于女人是大有裨益的。至少体现在以下几方面。

1. 女性在社交中展现自我

社交给了女人一片展现自我的天空，女人因为参与社交而变得更加聪明和豁达。德国著名哲学家叔本华曾说过："人的社交，根本不是本能。也就是说，并不是爱社交，而是怕孤独。"而女性恐怕是最害怕孤独的动物了，在纷繁的世界里，女性是如此渴望朋友、事业和爱情，如此期盼理解、认可和尊重。社交是女人获得心理平衡的重要方法。

2. 女性在交际中沟通感情

情感沟通是交际得以维持并向更密切的关系发展的重要条件。女性在交际中多投入一些感情，就可能多一些回报，同时情感交流使得交际更有进展。

3. 女性在交际中满足需求

人类交往的目的是为了使社会成员满足个人的需求，履行社会赋予的责任。因此，必须吸取他人的经验和物质、精神力量，满足自身需求和弥补不足。

### 4. 女性在交际中获得生存

人类的发展影响着劳动的分化，每个人用自己的劳动贡献于社会，同时又从社会中享受他人的劳动。没有交际，就没有劳动成果的交换，就没有现代化水平的生活。

### 5. 女性在交际中发展个性

现代心理研究表明，女性个性的构筑明显地纵横着交际的经纬。因为人的交际十分醒目地涂抹着个性的色彩，使得个性的调色板上沾有社会交际的颜料。

### 6. 女性在交际中寻求友谊

女性寻求友谊的高峰，同心理上的断乳期相伴随。特别是青春期后，女性自我意识加强，对友谊的渴求愈加强烈，对交际的需求也就与日俱增。

一个优秀的女人，不应该独处一旁，孤芳自赏，而是应该"走出去"，在人群中绽放自己的光芒。

## 用真心交真朋友

保持距离，虽能保护自己，却也注定永远寂寞。如果我们不交出真心，又怎能得到真心呢？

在这个时代里，女人都知道人际关系的重要性。但遗憾的是，当整个社会都在谈人际关系的时候，反而没有真正的人际关系可言。因为我们只是把人际交往当成了工作，与感情无关。当我们以交易的方式进行交际，我们得到的大都只是一场交易。所以看似交际很多，但是泡沫更多，能把握住的很少，能引导成功的更少。

小嘉是一家著名房地产公司的市场部推广经理，她接触的大多是事业有成甚至小有名气的客户群。按理说，在这样的条件和环境下拓宽自己的人际圈，增加成功的概率应该是不费吹灰之力的事情，但实际与理论总是有差距的。

几年下来，小嘉的名片盒里有大把交换来的名片，手机、笔记本电脑、记事本里都存满了各种客户的联络方式。在各种社交商务场所，她应酬得八面玲珑、不亦乐乎。看似热闹，但背后的孤独也许只有自己才知道。除了工作上的联系，她在这座城市里的朋友并不多，甚至找男朋友都是一个难题。遇到事情需要帮忙的时候，抱着几大本名片，却实在想不出会有谁肯帮忙。想要倾诉的时候，却不知道该向谁诉说。每周约会很多人，但没有一个是可以说话的知心朋友。每天都会认识很多新的人，但绝大部分都只是一面之缘，下次有事需要联系的时候跟陌生人没什么两样。因为那些通过工作认识的朋友都是有利益关系的，抛开这层关系便什么都不是了。

如果没有了联系人际的那颗心，所有繁忙的人际留下的也只是喧嚣背后的孤独无依。在腾讯网的一次调查中，在15068个受访者中，87.5%的人有类似"熟人越来越多，朋友却越来越少"的感觉。

这也许真的不能怪我们，因为现在的生存压力实在太大了，很多人忙得连谈恋爱的时间都没有，哪儿还有时间顾得上维系友情呢？同事的工资都是背靠背的，谁知道别人心里想什么呢？连离得最近的人都只能"点到为止"，又怎么放心托付一颗心与人交往呢？也许，这就是现代人的悲哀之处：看似呼朋唤友，实则没有朋友。

凭借出色的交际手腕和三寸不烂之舌，可以让很多人成为"认识的人"，但并不一定能找到很多"贵人"。

也许市面上的人际关系书里会教给我们很多的技巧，但是从历史的经验来看，成功的人际交往只有一招是最无敌的：那就是真心待人。没有人喜欢别人对自己尔虞我诈，连小人都不喜欢小人。不要以为请人吃一顿饭送一份礼，别人就会对我们产生好感。用一颗真诚的心对人，比一顿饭、一个小礼物更为重要。

记得在军事上曾有一个说法叫作"韩信点兵，多多益善"，现在社会上也比较流行"朋友多了路好走"这一观点。但真正懂兵法的知道，兵在精不在多。因为能驾驭上百万士兵的除了韩信、白起等个别将领外，很少人有这个能力。面具太多很累人，朋友也并不是越多越好，与其花大量时间和精力去应酬各种交际"泡沫"，把自己变成繁华城市中千疮百孔的"城市孤岛"，不如真心真意地交几个情投意合、比较靠谱的闺蜜反倒简单惬意一些。

## 亲密也要有间

其实不光动物之间要保持一定距离，人与人之间也应有一定的距离，即我们常说的"私人空间"。这是女人在人际交往时应注意的，即便和别人亲密也要有间。

生活中我们常常听到有些女人这样抱怨："我不喜欢他，他太不把自己当外人了。"这话里的意思大概是指这个人已经跨过了人际交往的距离。

一群刺猬在寒冷的冬天相互接近，为的是通过彼此的体温取暖以避免冻死，可是很快它们就被彼此身上的硬刺刺痛，相互分开；当取暖的需要又使它们靠近时，又重复了第一次的痛苦，以至于它们在两种痛苦之间转来转去，直至它们发现一种适当的距离使它们能够保持互相取暖而又不被刺伤为止。

一位心理学家做过这样一个实验。在一个刚刚开门的阅览室里，当里面只有一位读者时，心理学家就进去拿椅子坐在他或她的旁边。实验进行了整整80人次。结果证明，在一个只有两位读者的空旷的阅览室里，没有一个被试者能够忍受一个陌生人紧挨自己坐下。在心理学家坐在他们身边后，被试者不知道这是在做实验，更多人很快就默默地远离，到别处坐下；有的人则干脆明确表示："你想干什么？"

在生活中，不知你是否注意到这样一种现象：

在车站、公园供人休息的长凳上，通常坐两端的人多，一旦两端位置都有人占据，也几乎很少有人会主动去坐中间的位置。

一个能坐 4 个人的一排长凳，先来的人会坐在凳子的正中，后来的人会坐在长凳的一边，而正中的人则会挪到长凳的另一端。于是，原本可以坐 4 人的长凳，两个人就"客满"了。

坐公交车时，如果只有最后一排还有空位，走在前面的人坐在了中间，旁边还有两个座位时，后面的人多半会坐在两边靠窗户的座位上，而不会紧挨着前面的人坐下。

无论在拥挤的车厢还是电梯内，你都会在意他人与自己的距离。当别人过于接近你时，你会通过调整自己的位置来逃避这种接近的不快感；但是挤满了人无法改变时，你又会以对其他乘客漠不关心的态度来克制心中的不快，看上去也会神态木然。

所有的这种现象，都说明人与人之间需要保持一定的空间距离。任何一个人都需要在自己的周围有一个自己把握的自我空间，它就像一个无形的气泡一样为自己"割据"了一定的

"领域"。而当这个自我空间被人侵入，就会感到不舒服、不安全，甚至恼怒起来。所以，我们在与人交往时，一定要注意这点，不管是在空间上还是在心理上，都要给人一定的空间距离，这样才能更好地与人相处。

就一般而言，交往双方的人际关系以及所处情境决定着相互间自我空间的范围。美国人类学家爱德华·霍尔博士划分了4种区域或距离，各种距离都与双方的关系相称。

1. 亲密距离

这是人际交往中的最小间隔，即我们常说的"亲密无间"，其近范围在约15厘米之内，彼此间可能肌肤相触、耳鬓厮磨，以至相互间能感受到对方的体温、气味和气息；其远范围是15～44厘米，身体上的接触可能表现为挽臂执手或促膝谈心，仍体现出亲密友好的人际关系。

就交往情境而言，亲密距离属于私下情境，只限于在情感联系上高度密切的人之间使用。在社交场合，大庭广众之下，两个人（尤其是异性）如此贴近，就不太雅观。在同性之间，往往只限于贴心朋友，彼此十分熟识而随和，可以不拘小节，无话不谈；在异性之间，只限于夫妻和恋人之间。因此，在人际交往中，一个不属于这个亲密距离圈子内的人随意闯入这一空间，不管他的用心如何，都是不礼貌的，会引起对方的反感，也会自讨没趣。

## 2. 个人距离

这是人际间隔上稍有分寸感的距离，较少有直接的身体接触。个人距离的近范围为 46 ～ 76 厘米，正好能相互亲切握手，友好交谈。这是与熟人交往的空间。陌生人进入这个距离会构成对别人的侵犯。个人距离的远范围是 76 ～ 122 厘米，任何朋友和熟人都可以自由地进入这个空间。不过，在通常情况下，较为融洽的熟人之间交往时保持的距离更靠近远范围的近距离一端，而陌生人之间谈话则更靠近远范围的远距离一端。

人际交往中，亲密距离与个人距离通常都是在非正式社交情境中使用，在正式社交场合则使用社交距离。

## 3. 社交距离

这已超出了亲密或熟人的人际关系，而是体现出一种社交性或礼节上的较正式关系。其近范围为 1.2 ～ 2.1 米，一般在工作环境和社交聚会上，人们都保持这种距离。

社交距离的远范围为 2.1 ～ 3.7 米，表现为一种更加正式的交往关系。公司的经理们常用一个大而宽阔的办公桌，并将来访者的座位放在离桌子一段距离的地方，这样与来访者谈话时就能保持一定的距离。如企业或国家领导人之间的谈判、工作招聘时的面谈、教授和大学生的论文答辩等，往往都要隔一张桌子或保持一定距离，这样就增加了一种庄重的气氛。

## 4. 公众距离

这是公开演说时演说者与听众所保持的距离。其近范围为

3.7 ～ 7.6 米，远范围在近 8 米之外。这是一个几乎能容纳一切人的"门户开放"的空间，人们完全可以对处于空间内的其他人"视而不见"、不予交往，因为相互之间未必发生一定联系。因此，这个空间的交往，大多是当众演讲之类，当演讲者试图与一个特定的听众谈话时，他必须走下讲台，使两个人的距离缩短为个人距离或社交距离，才能够实现有效沟通。

人际交往的空间距离不是固定不变的，它具有一定的伸缩性，这依赖于具体情境、交谈双方的关系、社会地位、文化背景、性格特征、心境等。

我们了解了交往中人们所需的自我空间及适当的交往距离，就能有意识地选择与人交往的最佳距离；而且，通过空间距离传达的信息，还可以很好地了解一个人的实际社会地位、性格以及人们之间的相互关系，更好地进行人际交往。

# 见面时间长，不如次数多

　　一般来说，人与人之间的熟识程度，是与交往次数直接相关的。交往次数越多，心理上的距离越近，越容易产生共同的经验，取得彼此了解和建立友谊，由此形成良好的人际关系。

　　我们知道了女人在人际交往中要学会与人保持一定的距离，但是凡事都是有度的，有时候，适当地增加交往的频率会得到别人的认同和喜爱。

　　有心理学家曾经做过这样一个实验：

　　在一所中学选取了一个班的学生作为实验对象。他在黑板上不起眼的角落里写下了一些奇怪的英文单词。这个班的学生每天到校时，都会瞥见那些写在黑板角落里的奇怪的英文单词。这些单词显然不是即将要学的课文中的一部分，但它们已作为班级背景的不显眼的一部分被接受了。

　　班上学生没发现这些单词以一种有条理的方式改变着——一些单词只出现过一次，而一些却出现了 25 次之多。期末时，这个班上的学生接到一份问卷，要求对一个单词表的满意度进行评估，列在表中的是曾出现在黑板角落里的所有单词。统计结果表明：一个单词在黑板上出现得越频繁，它的满意率就越高。

实验表明某个事物呈现次数越多，人们越可能喜欢它。在人际交往中也是如此。随着交往次数的增加，人们之间越容易形成重要的关系。例如教师和学生、领导和秘书等，由于工作的需要，交往的次数多，所以较容易建立亲近的人际关系。相反，如果两个人没有一定的交往，"老死不相往来"，那么情感、友谊就无法建立。

其实，人与人之间的感情发展，就像银行的存钱业务，平时一点一点地储蓄，几年之后就有一笔钱了。朋友、同事、亲人之间的关系同样需要维护和经营，平时互不来往，相当于不存钱；有事才想到找他们帮忙，相当于从存折中取钱，只取不存，存折迟早会空的。所以，在人际交往中，我们要想得到别人的喜欢，让别人熟悉你，就要多走动、多联系。

当然，任何事物都是辩证的，不是绝对的，我们应该承认交往的次数和频率对吸引的作用，但是不能过分夸大其对交往的作用。俗话说：距离产生美，任何事情都存在一个度的问题。有些人把重点放在交往的次数上，过分注重交往的形式，而忽略了人们之间交往的内容、交往的性质，这是不恰当的。在你注重交往的频率的同时，也应该注重交往的内容，否则可能产生适得其反的效果。

## 交往需要适当的自我暴露

人之相识，贵在相知；人之相知，贵在知心。要想与别人成为知心朋友，就必须向对方袒露自己，即表露自己的真实感情和真实想法，向别人讲心里话，坦率地表白自己，陈述自己，推销自己。

与人交往时，我们常可见两类人。一类是善于言谈的，这些人可以饶有兴趣地与你谈论国际时事、体育新闻、家长里短，可是从来不会表明自己的态度。而你一旦将话题引入略带私密性的问题时，他就会插科打诨，或是一言以蔽之。对于这样的人，人们往往存有戒备心理，常常被认为是泛泛之交，不会深入。另一类人是不善言辞之人，虽然他们不太爱讲话，却总希望能向对方袒露心声，这样的人反而能很快和别人拉近距离，而对于此类人，人们也往往愿意和他深交。

为什么会出现这样的结果呢？

小林是同宿舍中最擅长交际的一个，并且人长得也漂亮。

但同班甚至同宿舍的其他女生都找到了自己的男朋友，唯独漂亮的、擅长交际的小林仍是独自一人。

为什么呢？她身边的同学都表示，她太神秘，别人都不了解她。原来，小林一直对自己的私生活讳莫如深，也从不和别人谈论自己，每当别人问起时，她就把话题岔开。

在生活中，我们也常会发现有的人外表看起来不是很擅长社交，知心朋友却比较多；而有的人，虽然很擅长社交，甚至在交际场中如鱼得水，但是他们少有知心朋友。这是为什么呢？如果你仔细观察，会发现第一类人一般都有一个特点，就是为人真诚，渴望情感沟通。他们说的话也许不多，但都是真诚的。他们有困难的时候，不知怎么总能有人来帮助他（她），而且很慷慨。而第二类人习惯于说场面话，做表面功夫，交的朋友又多又快，感情却都不是很深。因为他们虽然说了很多话，却很少暴露自己的感情。其实人人都不傻，都能直觉地感到对方对自己是出于需要，还是出于情感而来往。

也许，你也有过这样的感受：当自己处于明处，对方处于暗处，自己表露情感，对方却讳莫如深，不和你交心时，你会感到不舒服，对这个人也不会产生亲切感和信赖感。而当一个人向你表白内心深处的感受时，你会觉得这个人对自己很信赖，而无形中你也会和他一下子拉近距离。

一个人应该至少让一个重要的他人知道和了解真实的自我。这样的人在心理上是健康的，也是实现自我价值所必需的。一个从不自我暴露的人，很难与他人建立起密切的关系，而一个总是向别人谈论自己的人，也不会赢得友谊，甚至会招人厌烦，就像鲁迅小说中的祥林嫂那样总是喋喋不休地谈论自己的事情，刚开始可能得到别人的认可，但时间长了就会遭到人们的厌烦。所以，在向别人袒露自己时要恰到好处，不可过多，也不能过少。

心理学家认为，理想的自我暴露是对少数亲密的朋友做较多的自我暴露；而对一般朋友和其他人做中等程度的暴露，而且，你不一定要说你的秘密；在不太了解的人面前，我们可以交流一些生活中的并不私密的情感，既给人亲近之感，又不会让自己处于不安全的境地。

当人们与自我暴露水平较高的个体交往时，最有可能进行较多的自我暴露。人们常常会回报或模仿他人所欣赏的自我暴露。如与朋友聊天时，朋友讲出心底秘密的同时，我们也愿意做出同等的回报，投之以桃、报之以李。

自我暴露与喜欢紧密相连。人们喜欢那些与自己有相同自我暴露水平的人。如果某人的自我暴露比我们暴露自己时更为亲密详细，我们会害怕过早地进入亲密领域，从而产生焦虑。

所以，要想做一个受人欢迎的女人，你不妨向对方适当地袒露一下自己的内心，吐露一下秘密，这样会一下子赢得对方的心，赢得一生的友谊。

# 交际要像薛宝钗

好人缘，让女人的心田得到情感的滋润。常与人交往和分享，快乐更显生动，烦恼和忧伤不会久驻，心中永远是朗朗晴空、徐徐清风。

但凡读过《红楼梦》的人，无不为黛玉、宝钗两人的才情所打动。两人本无高下之分，却很少有读者真心喜欢宝钗这个人物，大都觉得此人太过持重圆滑、工于心计。但就为人处世来讲，宝钗的"人缘学"是值得女人学习揣摩的。

宝钗人缘好的原因是关心人及体贴人。袭人因身子不舒服，请湘云帮忙为宝玉做双鞋，宝钗知道湘云的难处，于是主动将活揽过来。她生日那天，贾母问她爱听何戏、爱吃何物，"宝钗深知贾母年老之人，喜热闹戏文，爱吃甜烂之食，便总依贾母往日素喜者说了出来，贾母更加喜悦"。黛玉谈起自己的病情相当悲观，宝钗不仅要她换个高明医生，而且有鼻有眼地指出她药方有问题，提出改进意见："昨儿我看你那药方上，人参、肉桂觉得太多了。虽说益气补神，也不宜太热。依我说，先以平肝健胃为要，肝火一平，不能克土，胃气无病，饮食就可以养人了。每日早起拿上等燕窝一两，冰糖五钱，用银铫子熬出粥来，若吃惯了比药还强，是滋阴补气的。"她还真诚地说："你放心，我在这里一日，便与你消遣一日，你有什么委屈烦难，只管告诉我，我能解的，自然替你解一日。"因而黛玉亦认为自己往日是"藏奸"，确实错怪了宝钗。希望得到别人的理解和关心，乃人之常情，善解人意及助人者总是受到一切人欢迎的。

即使是对待下人，宝钗也一向是宽厚的。香菱在她家中是侍妾的地位，而她却视她为手足，不仅生活优遇她，而且为她排难解忧。薛贾二家的下人，不论尊卑，她待她们都是彬彬有礼，不对谁特别好，也不冷淡任何一个不得意之人。当凤姐患病，探春奉命当家，王夫人命她协助。探春决定把大观园中的花果生产交给几个老婆子掌管，宝钗就接着提出一种调剂性的主张，凡经管生产收入，除供应头油香粉外，其余盈余不必再行交到账房，作为经管人的贴补，而且应当也分些给其他的婆子媳妇们。这样，公家省了钱，又不显得太啬刻。其他未经手的人得到利益，也便不会抱怨或暗中破坏别人。于是各方面都欢喜叹服。

宝钗的处世哲学中体现了尊重他人、乐于助人、待人以诚等美德。难怪她在贾府赢得了上上下下一干人等的欢迎。她的成功也告诉我们，好人缘是需要付出的，真心的付出必将收获真情的回报。

好人缘的力量是神奇的。在交际场合长袖善舞的女性也许并不是貌若天仙，但好人缘使她具有专属自己的独特吸引力，令她得到每一个人的欢迎和欣赏。她们如翩然起舞的蝴蝶，在人生的各种角色间轻松游走、自由切换，游刃有余。好人缘让她们不断收获成功和幸福。

在家庭里，她们会向亲人倾吐自己的欢乐和忧伤，也会及时送上自己的温情与慰藉；在职场里，她们会和同事们亲切地交谈，精诚合作、风风火火、奋力拼搏，也会为别人的成功献上自己最真诚的祝福；在上下班的路上，她们会向熟人热情问候，也从不吝惜对陌生人问一声好；在朋友生日宴会上，她们会道上一声真诚的祝福。

她们无时无刻不把与他人联系当作一种极大的快乐。她们懂得尊重别人。人缘就像山谷的回音，你付出了真诚，得到的也是诚挚之心。与人为善，尊重他人也就是与己为善、尊重自己。她们拥有容人之量。人事纠缠，盘根错节，矛盾和摩擦都是无法避免的，小肚鸡肠者终日耿耿于怀，无法解脱；而宽容之人都能一笑而过，大度处之。她们最有人情味，关心他人、爱护他人、理解他人，在别人最困难的时候伸出友谊之手，"雪中送炭"，排忧解难。

她们待人以诚。在处理人际关系时，总是真心实意，心口如一，从不藏奸耍滑、戴上虚情假意的面具。她们总是光明磊落，胸怀坦荡。

好人缘，给女人一片展现自我的天空。与人交往使女性不再孤独，理解、尊重、认可让女人生活得更有滋味。

好人缘，为女人搭建成功的桥梁。"多个朋友多条路"，有好人缘的女人不会缺少成功的机会。良好的人缘，让幸福女人的人生更加精彩！

# 多结交成功人士

一个人只活在自己的世界里，不会有大的建树。只有与强者做朋友，时间长了，你才会有一个成功者的思维，你才会用一个成功者的思维去思考。

在你人脉网形成的时候，适当地提高自己的交友水准。想一想，你和童年的小伙伴在一起，学到的是不是只有怎么玩"跳房子"的游戏？你和中学的好伙伴学到的是不是只有一些学习上的小技巧？你和大学的玩友学到的是不是只关注最近哪个商场又在打折了？这样想来，如果你认识和来往的都是这些朋友，你会知道现在哪个行业最有发展前景吗？你会知道怎样投资才最能赚钱吗？你会知道女人应该找一个什么样的另一半才是最大的幸福吗？

相同的精神追求，才能让你们找到共同语言。只有拥有同样的人生信仰，你们才能彼此发现、彼此懂得、彼此珍惜。所以，是时候提高你的交友水准了。只有在更高一层的精神领域里，你才能遇到可以引领你生活的星探。

有两个毕业一年的同寝室的女人在对话。她们中一个光艳照人，谈吐不凡；另一个却愁眉苦脸，未老先衰。第一个女人感慨道："我认识的人都好强啊，他们才刚刚毕业几年，就买房的买房、买车的买车。我从他们身上学到了好多东西。我感觉现在生活很充实，需要我去实现的梦想也很多。"第二个女人却苦笑着说："我认识的人都不如我，好多都是咱们以前的同学，大家过得差不多。我现在感觉生活就这样了，也没有什么追求。"

是什么让两个曾经同寝室的姐妹人生观这样不同呢？那就是她们的朋友圈子不同，她们的朋友的质量不同。一个女人的朋友都比自己成功，她在自己朋友的身上学到很多东西，也拥有了很多积极的心态，所以她就会向着成功的方向努力。而另一个女人，处在和自己一个水平，甚至还不如自己的朋友圈里，时间一长，她认为大家的生活状态都是这样的，所以也就不思进取了。

提高自己的交友水准，可以让你找到自身的不足，学习朋友身上的优点，也可以进入自己没有涉足过的领域，丰富自己的知识面。现在是21世纪，不再是女子"大门不出，二门不迈"的时代。女人，你不仅要走出去认识他人、与他人交往，你还要与成功人士交往；不要只与一种人交往，要认识各种各样、各行各业的人。

有人说过，要想看一个人是什么样的人，先来看他的朋友。所以，如果你想成为一个成功的女人，就要多交一些"强人"朋友。

# 不做"害羞女"

　　一说话就脸红，一笑就捂嘴，一出门就低头，这是许多天生羞怯的女人的共同表现。可是羞怯是人际交往的天敌。所以，在人际交往过程中，女人需要迈出的第一步就是克服羞怯心理。

　　一般来讲，羞怯由先天和后天因素的双重影响所致。有人认为后天的成长环境以及长期以来形成的行为习惯对羞怯的影响更大些。据观察，有些羞怯的人在自己的孩提时代并不羞怯，只是进入学校以后，由于学习、身体等方面的原因，受到学校和家庭双方的压力，加之自己十分在意别人的看法与评说，久而久之，才形成羞怯的性格；也有一部分人是由于童年时家庭环境导致的，有些家长不鼓励自己的孩子和同年龄的孩子玩耍，或是周围没有同龄儿童，久而久之也会形成一种内向而羞怯的性格。以上两种情况在羞怯的人里占了很大比例。针对造成羞怯的原因，要想克服羞怯心理，应主要从以下几个方面做起。

### 1. 学会坦诚

首先，必须学会尊重别人，不要给别人一种傲视一切、高高在上的印象，这样，别人才会喜欢你并乐意与你交往。否则，整日孤芳自赏，尽管主观上想克服羞怯，但终因客观上的碰壁而走回羞怯的老路上去。其次，为人要热情、开朗，做出乐于与人交往的表示。否则，终日沉默不语，别人便不愿打扰你了。只有善于并乐于表达，并使别人在与你的交谈中获得乐趣，别人才愿意与你交谈，你才有可能从羞怯的阴影中摆脱出来。

### 2. 要提高认识

要避免羞怯，关键是要少考虑自我，多考虑他人，多考虑社会价值，多考虑如何与人交往。此外，还要正确认识自己，承认羞怯是自己的弱项。这样当别人注意到你的这方面时，你才不会紧张或刻意地掩饰自己，才能采取随和的态度，也只有这样，你同别人的关系才能更加密切而友好。

### 3. 关注他人

平时要留心他人的行动和爱好，了解对方对什么样的话题、行为最感兴趣。这样，与人交往时就能投其所好，使人觉得你容易接近，容易成为好朋友了。

总之，你要尽力克服自己的羞怯心理，在人前落落大方地说话办事，这就会为你的成功打开了一扇大门。

# 魔鬼藏于细节

俗话说得好，细节决定成败，社交中女人一定要注重自己的细节，不要让自己败在细节上。

礼节一般来讲，是指在与人交往中一些众所周知的基本行为动作。而礼仪的内涵相对来说要广泛一些，想打造职场中魅力四射的形象，女性除了要掌握基本的礼节外，还应注意以下这些细节，从而成就自己的完美形象。

1.要有饱满的精神状态

愁眉苦脸、心事重重的样子在社交场合是不受欢迎的；萎靡不振、无精打采，别人会感到兴味索然，无法与你交往。但若是精力充沛、神采奕奕，就能使对方感到你富有活力，交往气氛自然就活跃了。

2.要有出色的仪表礼节

对女人来说，动人的风度和仪表比美貌更重要。

容貌姣好的人，并不代表她的仪表也美；同样地，举止仪表优美的人，也并不一定容貌漂亮。有些女人虽然容貌平凡，但由于她有优美的风度，反而更吸引人。衣冠不整，或者不修边幅的人，常会令人生厌。仪表出众、礼节周到能为女性增添无穷的魅力。

**3. 要有诚恳的待人态度**

端庄而不矜持冷漠，谦逊而不矫揉造作，就会使人感到你诚恳而坦率，交往兴趣也随之变浓。但如果你说话支支吾吾、躲躲闪闪，别人会感觉你缺乏诚意，从此疏远你。

**4. 避免没有教养的行为**

一个女人要在各种社交场合上给人留下美好印象，就一定要注意风度与仪态。

（1）不要耳语。在众目睽睽下与同伴耳语是很不礼貌的事。耳语可被视为不信任在场人士所采取的防范措施，要是你在社交场合老是耳语，不但会招惹别人的注视，而且会令别人对你的教养表示怀疑。

（2）不要说长道短。饶舌的女人肯定不是有风度教养的女人。在社交场合说长道短、揭人隐私，必定惹人反感。再者，这种场合的"听众"虽是陌生人居多，但所谓"坏事传千里"，只怕你不礼貌、不道德的形象会从此传扬开去，别人——特别是男士自然对你"敬而远之"。

（3）不要闭口不言。面对初相识的陌生人，也可以由交谈几句无关紧要的话开始，待引起对方及自己谈话的兴趣后，便可自然地谈笑风生。若老坐着闭口不语，一脸肃穆的表情，便跟欢愉的宴会气氛格格不入了。

（4）不要失声大笑。不管你听到什么"惊天动地"的趣事，在社交场合中，都要保持仪态，顶多一个灿烂笑容即止，不然就要贻笑大方了。

（5）不要滔滔不绝。在社交场合中，若有男士与你攀谈，你必须保持落落大方的态度，简单回答几句即可。切忌忙不迭向人"报告"自己的身世，或向对方详加打探，要不然会把人家吓跑，或被视作长舌妇。

（6）不要扭捏作态。在社交场合，假如发觉有人常常注视你——特别是男士，你也要表现得从容镇静。若对方是从前跟你有过一面之缘的人，你可以自然地跟他打个招呼，但不可过分热情或过分冷淡，免得影响风度。若对方跟你素未谋面，你也不要太过于扭捏作态，又或怒视对方，有技巧地离开他的视线范围即可。

（7）不要当众化妆。在大庭广众下打粉、涂口红都是很不礼貌的。要是你需要修补脸上的妆，必须到洗手间或附近的化妆间去。

（8）不要大煞风景。参加社交活动，别人都期望见到一张张笑脸，因此纵然你内心有什么悲伤或情绪低落，表面上无论如何都应表现出笑容可掬的亲切态度。

第七章

# 没有一个肩膀能
# 代替一双翅膀

## 梦想是支持自己的力量

一个有了梦想的人，会感到有股强大的力量推着自己不断前进，而促使他们为自己的将来做精心的设计。从没听过任何一个有卓越成就的人是个毫无梦想、毫无计划的人，人生不相信误打误撞。

梦想越高，人生就会越丰富，达成的成就会越卓绝；梦想越低，人生就会越贫瘠，达成的成就就会越普通。这就是惯常说的："期望值越高，达成期望的可能性越大。"

世界上没有绝对完美的人，成功就是忽略自己的缺点，把自己的优点放大到极致。世界上也没有完全相同的两个人，你的特质是独一无二、绝无仅有、举世无双的。所以相信自己是最特别的，用张扬的个性去展示自己的魅力，不要在乎别人的评价。仔细观察你会发现，所有的成功者都有张扬的个性，一个人的魅力与他个性的张扬程度和他如何看待自己有很大关系。成功人士都无一例外地相信自己的身价非同一般，并在站立、行走、说话、动作和眼神中展示出这一信念。

这是美国北纽约州小镇上一个女人的故事。她从小就梦想成为最著名的演员。18岁时，在一家舞蹈学校学习三个月后，她母亲收到了学校的来信："众所周知，我校曾经培养出许多在美国甚至在全世界著名的演员，但是我们从没见过哪个学生的天赋和才能比你的女儿还差，她不再是我校的学生了。"

被退学后的两年，她靠干零活谋生。工作之余她申请参加排练。排练没有报酬，只有节目公演了才能得到报酬，但是她参加排练的每个节目都能公演。

两年以后，她得了肺炎。住院三周以后，医生告诉她，她以后可能再也不能行走了，她的双腿已经开始萎缩。已是青年的她，带着演员梦和病残的腿，回家休养。

她始终相信自己有一天能够重新走路。经过两年的痛苦磨炼，无数次的摔倒，她终于能够走路了。又过了18年——整整18年！她还是没有成为她梦想中的演员。

在她已经40岁的时候，她终于获得了一次扮演一个电视角色的机会。这个角色对她非常合适，她成功了。在艾森豪威尔就任美国总统的就职典礼上，有2900人从电视上看到了她的表演；英国女王伊丽莎白二世加冕时，有3300人欣赏了她的表演……到了1953年，看过她表演的人超过4000万了。

这就是露茜丽·鲍尔的电视专辑。观众看到的不是她早年因病致残的跛腿和一脸的沧桑，而是一位杰出的女演员的天才和能力，看到的是一位不言放弃的人，一位战胜了一切困苦而终于取得成就的大人物。

这个世界上，最悲哀的人就是对生活没有梦想的人。一个没有梦想的人是没有灵魂的生命，生活对于他们来讲只是空虚、寂寞的，他们不知道用梦想来充实自己的内心世界。

有了梦想的人从不会产生悲观厌世的念头，他们更不会有空去想怎么消遣无聊的岁月。因为在他们看来，时间只怕不够实现梦想，哪里有那么多可以虚度的年华呢？

梦想是绚烂的、多彩的，就好像彩虹边上的零星几点，虽然不一定耀眼，却是一种浪漫、一种希望。一个有了梦想的人会无比坚定、坚强，面对逆境也不会恐惧。一个不会抱憾的人生是充满梦想的光环，再加上辛勤的汗水，有一点辛酸的泪水作调料的道路，还要始终带着鲜花般的心情上路。

## 梦想有多大，舞台就有多大

梦想有多大，舞台就有多大。正如华兹华斯所说的："一个崇高的目标，只要不渝地追求，就会成为壮举；在它纯洁的目光里，一切美德必将胜利。"

心存梦想的女人，一定要坚持自己的梦想，不要怀疑梦想的力量，它能激发你潜藏的能量，让你登上成功的高峰。当然，梦想需要你尽情发挥，如果你在梦想之前就开始给自己设置障碍，不断地否定和怀疑，你的舞台也将永远没有别人的华丽。而相反，如果你坚信自己的梦想，并且为它付出足够的努力，你就会看到梦想的奇迹。

60 多年前，在美国三藩市，一位演员喜得贵子。由于父亲是演员，这个男孩从小就有了跑龙套的机会，他渐渐产生了当一名演员的梦想。他在一张便笺上写下了这样一段话："我，布鲁斯·李，将会成为全美国最高薪酬的超级巨星。作为回报，我将奉献出最激动人心、最具震撼力的演出。从 1970 年开始，我将会赢得世界性声誉；到 1980 年，我将会拥有 1000 万美元的财富，那时候我及家人将会过上愉快和谐、幸福的生活。"

当时，他过得穷困潦倒。这张便笺引来的是白眼和嘲笑。然而，他却牢记着便笺上的每一个字，克服了无数次常人难以想象的困难。甚至在重伤后只用了 4 个月就从病床上奇迹般地站了起来。

20 世纪 70 年代初，他主演的《猛龙过江》等几部电影都刷新了香港票房纪录。1972 年，他主演了香港嘉禾公司与美国华纳公司合作的《龙争虎斗》，这部电影使他成为一名国际巨星——被誉为"功夫之王"。1998 年，美国《时代》周刊将其评为"20 世纪英雄偶像"之一，他是唯一入选的华人。他就是"最被欧洲人认识的亚洲人"——李小龙，一个迄今为止在世界上享誉最高的华人明星。1973 年 7 月，李小龙英年早逝。在美国加州举行的李小龙遗物拍卖会上，这张便笺被一位收藏家以 29 万美元的高价买走，同时，2000 份获准合法复印的副本也当即被抢购一空。

只要敢于挣脱平庸命运的摆弄，大胆追梦，人生将会出现另一种辉煌与多彩。我们每个人都应相信自己，相信我们本身就是梦想大厦的设计师和建筑家。

在你通向梦想的道路上会遭遇很多挫折，会有人嘲笑你甚至阻拦你。而更多时候是你自己给自己的梦想套上了沉重的枷锁。你会受到他人的影响，也会怀疑自己的能力，从而放弃了梦想。而那些最终实现梦想的人绝对是心地纯净、没有杂念的人，他们不相信别的，只做自己梦想的信徒。

人是有潜力的，当我们抱着必胜的信心去迎接挑战时，我们就会挖掘出连自己都想象不到的潜能。如果没有梦想，潜能就会被埋没，即使有再多的机遇等着我们，我们也可能会错失良机。

## 不要遗忘年少的梦想

梦想的魔力是巨大的，但梦想也是最容易被人遗忘的。不管当初的梦想多么绚丽多姿，如果你不紧盯着它，时间就会褪去它的颜色。

女人是喜欢梦想的动物。当还是小女孩的时候，她们的梦想是有许多糖果、许多蝴蝶结、许多洋娃娃……当女人长成亭亭玉立的少女，她们的梦想是变成灰姑娘，等待着一个白马王子前来迎娶她。当她长大成人，历经生活的磨炼，但她们依然有梦想，梦想成为她们追寻美好生活的动力。

儿时的梦想总是千姿百态的，它受到社会环境的影响。有的梦指向的是事业和责任，这种梦想我们更倾向于称它为"理想"。而有的梦想呢，纯属是个人的喜好和憧憬，说不出它有什么伟大之处，甚至"渺小"得不足挂齿，比如喜欢雕刻、插花、养鱼、给布娃娃设计小衣服，等等。这些梦想很小，对于女人却意义非凡。男人也许有了理想就有了一切，但女人不行，保家卫国之类的理想对于女人来说太抽象，女人骨子里都是浪漫感性的，她们更倾向于在"微观"的小事物上寻找自己的快乐，就好比小女孩们常常一个人抱着洋娃娃玩上一天依然兴味十足。

很多人在成长的过程中丢失了自己的梦想，等到垂垂老矣才发现，梦想已被丢在青春年少时。我们询问小孩子梦想是什么，十个中有九个会答"将来做个科学家"，但最终成为科学家的往往只有一个。不只是关于科学家的梦想，还有很多梦想被我们遗忘了，而只有那些把梦想记了一辈子的人实现了梦想。

有个叫布罗迪的英国教师，在整理阁楼上的旧物时发现了一叠作文簿，它们是皮特金中学 B（2）班 31 位孩子的春季作文，题目叫《未来我是……》。他本以为这些东西在德军空袭伦敦时被炸飞了，没想到它们竟安然地躺在自己家里，并且一躺就是 25 年。

布罗迪随便翻了几本，很快被孩子们千奇百怪的自我设计迷住了。比如，有个叫彼得的学生说，未来的他是海军大臣，因为他擅长游泳；还有一个说，自己将来必定是法国总统，因为他能背出 25 个法国城市的名字；还有一个叫戴维的盲学生，认为将来自己必定是英国的一个内阁大臣。总之，31 个孩子都在作文中描绘了自己的未来，五花八门，应有尽有。

布罗迪读着这些作文，突然有一种冲动——把这些本子重新发到同学们手中，让他们看看现在的自己是否实现了 25 年前的梦想。当地一家报纸得知他这一想法后，为他发了一则启事。

没几天，书信从四面八方向布罗迪飞来。他们中间有商人、学者及政府官员，而更多的是普通人，他们都表示，很想知道儿时的梦想，并且很想得到那本作文簿。布罗迪按地址一一给他们寄去。

后来布罗迪收到内阁教育大臣布伦克特的一封信，信中说："那个叫戴维的就是我，感谢您还为我们保存着儿时的梦想。不过我已经不需要那个本子了，因为从那时起，我的梦想就一直在我的脑子里，我没有一天放弃过；25年过去了，可以说我已经实现了那个梦想。今天，我还想通过这封信告诉其他30位同学，只要不让年轻时的梦想随岁月飘逝，成功总有一天会出现在你的面前。"

布伦克特的梦想始终牢记在他的心中，他的很多同学则忘记了当初的梦想。遗忘有很多原因，其中最大的就是拖延。如果你打算用你的白日梦和你从没按时履行过的计划表来实现梦想，等待你的只有生命的损耗和机会的擦肩而过。

爱默生曾说："紧驱他的四轮车到别的星球上去的人，倒比在泥泞的道上追踪蜗牛行迹的人，更容易达到他的目标！"当你准备把今天的事情放到明天去做时，你应该想想到底还有多少明天在等着你，到底有多少机会在等着你，今天的太阳明天还会升起吗？梦想也有保质期，不要用拖延让你的梦想变质。永远重视今天，从今天开始行动。只有这样，你才不会在丢失梦想以后为自己惋惜。

# 别让梦想停留在 20 层

对于女人来说，梦想是美丽的衣裳，有梦想的女人才不会被现实的冷酷和无味榨干青春，有梦想的女人才不会被琐碎的生活磨掉激情。

有一对姐妹，家住在 80 层楼上。有一天她们外出旅行回家，发现大楼停电了！于是她们决定爬楼上去。爬到 20 楼的时候她们开始累了，姐姐说："包太重了，我们把包放在这里，等来电后坐电梯来拿。"于是，她们把行李放在 20 楼，轻松多了，继续向上爬。

她们有说有笑地往上爬，但是好景不长，到了 40 楼，两人实在累了。想到还只爬了一半，两人开始互相埋怨，指责对方不注意大楼的停电公告，才会落得如此下场。她们边吵边爬，就这样一路爬到了 60 楼。到了 60 楼，她们累得连吵架的力气也没有了。妹妹对姐姐说，"我们不要吵了，爬完它吧。"于是她们默默地继续爬楼，终于 80 楼到了！兴奋地来到家门口，姐妹俩才发现她们把钥匙留在了 20 楼的包里了……

有人说，这个故事其实就是反映了我们的人生：20 岁之前，我们活在家人、老师的期望之下，背负着很多的压力、包袱，自己也不够成熟、能力不足，因此步履难免不稳。20 岁之后，离开了众人的压力，卸下了包袱，开始全力以赴地追求自己的梦想，就这样愉快地过了 10 年。可是过了 30 岁，发现青春已逝，不免产生许多的遗憾和追悔，于是开始遗憾这个、惋惜那个、抱怨这个、嫉恨那个……就这样在抱怨中度过了几十年。到了 60 岁，发现人生已所剩不多，于是告诉自己不要再抱怨了，就珍惜剩下的日子吧！于是默默地走完了自己的余年。到了生命的尽头，才想起自己好像有什么事情没有完成。

原来，我们所有的梦想都留在了 20 岁的青春岁月，还没有来得及完成……

相信每个女人都曾有过自己的梦想，可随着年岁逐增，物质、金钱、家庭等的"大事"让她们抛弃了曾经的梦想。

梦想是值得珍惜的。梦想是心灵的花蕾，女人一定要在生活中坚守一份自己的梦想，并且为之努力，它定将带给你丰厚的回报！

# 让梦想轻舞飞扬

开启内心对成功的渴望，在心底种下一粒梦想的种子，用坚韧给它浇水，用乐观给它施肥。人生还没有走到终点，即使一个小小的努力、一点点的进取，也能让梦想轻舞飞扬。

井底之蛙总是看不到高远的蓝天。就好像《庄子》开篇那个名为"小大之辩"的文章：说北方有一个大海，海中有一条叫作鲲的大鱼，宽几千里，没有人知道它有多长；又有一只鸟，叫作鹏，它的背像泰山，翅膀像天边的云，飞起来，乘风直上九万里的高空，超绝云气，背负青天，飞往南海。

蝉和斑鸠讥笑说："我们愿意飞的时候就飞，碰到松树、檀树就停在上边；有时力气不够，飞不到树上，就落在地上，何必要高飞九万里，又何必飞到那遥远的南海呢？"

那些心中有着远大理想的人常常是不能被常人所理解的，就像目光短浅的麻雀无法理解大鹏鸟的鸿鹄之志，更无法想象大鹏鸟靠什么飞往遥远的南海。因而，像大鹏鸟这样的人必定要比常人忍受更多的艰难曲折，忍受心灵上的寂寞与孤独。因而，他们必须坚强，把这种坚强潜移到他的远大志向中去，这就铸成了坚强的信念。这些信念熔铸而成的理想将带给大鹏一颗伟大的心灵，而成功者正脱胎于这些伟大的心灵。

在《现代妇女》杂志中刊载过这样一篇文章：

女孩很小的时候，父亲就抛弃了她和母亲。坚强刚毅的母亲，将女儿送进了一所舞蹈学校。高昂的学费并未吓倒母亲，她四处打工挣钱。7 岁的女孩看见母亲整日忙碌和疲惫的身影，就忍不住流泪。

从此，她训练比别的孩子勤奋，她吃的苦比别的孩子多，但她流的泪和抱怨的话比别的孩子少。几年后，她成了最出色的学员，并开始登台表演。

可命运捉弄人，当女孩出落成亭亭玉立的少女时，身体却出了毛病：骨形不正，腰椎突出。这对舞蹈演员来说，是致命的一击。是退缩还是坚持？女孩选择了后者。她忍受疼痛的折磨，在身上装上一个校正仪，继续她的舞蹈。她的努力和刚强没有白付出，国家舞蹈团招收了她，她很快成了领舞。后来，她的足迹遍布世界各地，她优美的舞姿倾倒了无数观众。

她就是西班牙国家舞蹈团的常青树，享誉世界的弗拉门戈舞皇后阿伊达·戈麦斯。曾经她来中国巡演时，记者问她："面对贫穷和不幸，面对病痛与磨难，你是如何理解人生的？"已在舞台上奋斗了 40 余年的阿伊达，笑容依旧美丽迷人，她说："在我眼里，除了战争和死亡，别的都不能叫不幸。活着就像在舞蹈，一个有梦并愿为此追求一生的人，没有什么东西能阻挡住她。我会永远地跳下去，直到跳不动那天为止。"

活着就像在舞蹈，只要有了对成功的渴望和信念，就一定能够战胜困难，走向梦想的巅峰。可是很多人忽略了自己的内心，忽略了对生活最真实的渴望。这个狂欢享乐的时代，浮躁焦灼之气弥漫全身，虽然还是年轻的身体，但心灵已被各种尘器完全占据。

"就随波逐流吧，总会有一个属于自己的位置。"年轻人，就是这么告诉自己。可是你的人生就仅仅限于眼前的安稳享乐？你的心灵就只能安放在物欲的罗网里，从此失去了前行的方向？

尽管命运将女人推向了时代的巅峰，但是女人要找到属于自己的精彩。坚定自己的梦想，认真前行，你就会让自己的梦想轻舞飞扬。

## 决心和行动之间的距离越短越好

一日有一日的理想和决断，昨日有昨日的事，今日有今日的事，明日有明日的事。今日的理想，今日的决断，今日就要去做，一定不要拖延到明日，因为明日还有新的理想与新的决断。

任何女人想成大事，都需要具备这种紧迫感。缩短决心和行动之间的距离，而不是以"万事俱备，只欠东风"的借口来推迟行动，那样的话，一切都将成为空谈。生活中总有这样的女人：有着很多憧憬、理想和计划，却不能够按照自己的想法和规划马上去做！有了好的计划后，不去迅速地执行，而是一味地拖延，就会让一开始充满热情的事情冷淡下去，使幻想逐渐消失，使计划最后破灭。这种行为就是拖沓，也就是说可以完成的事不立即完成，今天推明天，明天推后天。就好像许多大学生奉行"今天不为待明朝，车到山前必有路"一样。结果，事情没做多少，青春年华却在这无休止的拖拉中流逝殆尽了。

安妮是大学里艺术团的歌剧演员。在一次校际演讲比赛中，她向人们展示了一个最为璀璨的梦想：大学毕业后，先去欧洲旅游一年，然后要在纽约百老汇中成为一名优秀的主角。

当天下午，安妮的心理学老师找到她，尖锐地问："你今天去百老汇跟毕业后去有什么差别？"安妮仔细一想："是呀，大学生活并不能帮我争取到去百老汇工作的机会。"于是，安妮决定下学期就去百老汇闯荡。

老师紧追不舍地问："你下学期去跟今天去，有什么不一样？"安妮激动不已，她情不自禁地说："好，给我一个星期的时间准备一下，我就出发。"老师步步紧逼："所有的生活用品在百老汇都能买到，你一个星期以后去和今天去有什么差别？"

安妮终于双眼盈泪地说："好，我明天就去。"老师赞许地点点头。第二天，安妮就飞赴全世界最巅峰的艺术殿堂——美国百老汇。当时，百老汇的制片人正在酝酿一部经典剧目，几百名各国艺术家前去应征主角。按当时的应聘步骤，是先挑出10个左右的候选人，然后让他们每人按剧本的要求演绎一段主角的对白。这意味着要经过百里挑一的两轮艰苦角逐才能胜出。安妮到了纽约后，费尽周折从一个化妆师手里要到了将排的剧本。这以后的两天中，安妮闭门苦读，悄悄演练。正式面试那天，安妮是第48个出场的，当制片人要她说说自己的表演经历时，安妮粲然一笑。而当制片人听到传进自己鼓膜里的声音，竟然是将要排演的剧目对白，而且，面前的这个姑娘感情如此真挚，表演如此惟妙惟肖时，他惊呆了！他马上通知工作人员结束面试，主角非安妮莫属。就这样，安妮来到纽约的第一天就顺利地进入了百老汇，穿上了她人生中的第一双红舞鞋。

故事中的安妮有贵人指点，懂得了有梦想更要靠行动来实现这个道理。但是生活中就是有这样一种女人，她们在做事的过程中养成了拖延的习惯。放着今天的事情不做，非得留到以后去做，其实在拖延中耗去的时间和精力，就足以把今日的工作做好。所以，把今日的事情拖延到明日去做，实际上是不合算的。有些事情在当初做会感到快乐、有趣，如果拖延了几个星期再去做，便感到痛苦、艰辛了。

所以，女性朋友们一定要记住，请时刻做好起跑的准备，不要让今天的信函等到明天才寄出。

## 成功在于谁真的去做了

这个世界不缺乏机遇，缺少的是抓住机遇的手。如果你有想法就要赶紧去做，别担心失败或困难重重，人都是在不断地跌倒与爬起中学会走路的，在不停地实践与追求中，你就能超越自我，成为一块闪亮耀眼的真金。

女人是感性的，经常头脑中浮想联翩。梦想自己拥有一份体面的工作，梦想自己得到白马王子的追求，梦想自己就是高贵的公主。白日梦谁都会做，关键是要有所行动，否则，光是有想法就能成功，那世界上岂不人人都是亿万富翁了？

正如英国前首相本杰明·迪斯雷利指出的，虽然行动不一定能带来令人满意的结果，但不采取行动就绝无满意的结果可言——你需要的不只是梦想，你还要付出切切实实的努力。有了想法就去做，这样你才能成功。

有一位名叫莱温的美国女人，她的父亲是芝加哥有名的牙科医生，母亲在一家声誉很高的大学担任教授。她的家庭对她有很大的帮助和支持，她完全有机会实现自己的理想。她从念中学的时候起，就一直梦想当电视节目主持人。她觉得自己具有这方面的天赋，因为每当她和别人相处时，即使是生人也都愿意亲近她并和她长谈。

但是，她为这个理想什么也没有做！她在等待奇迹出现，希望一下子就能当上电视节目的主持人。

莱温不切实际地期待着，结果什么奇迹也没有出现。

另一个名叫海伦的女人却实现了莱温的理想，成了著名的电视节目主持人。海伦之所以成功，就是因为她知道"天下没有免费的午餐"，一切成功都要靠自己的努力去争取。她不像莱温那样有可靠的经济来源，所以没有白白地等待机会出现。她白天去打工，晚上在大学的舞台艺术系上夜校。毕业之后，她开始谋职，跑遍了芝加哥每一个广播电台和电视台。但是，每个经理对她的答复都差不多："不是已经有几年经验的人，我们一般不会雇用的。"

海伦没有退缩，也没有等待机会，而是继续走出去寻找机会。她一连几个月仔细阅读广播电视方面的杂志，最后终于看到一则招聘广告：北达科他州有一家很小的电视台招聘一名预报天气的女主持人。

海伦在那里工作了两年，之后又在洛杉矶的电视台找到了一个工作。又过了5年，她终于成为了她梦想已久的节目主持人。

为什么会这样呢？因为莱温在10年当中，一直停留在幻想上，坐等机会；而海伦则采取行动，终于实现了理想。

　　成功不在难易，而在于"谁真正去做了"。梦想是心灵的翅膀，只有付诸行动才能让自己腾飞，所有拥有美丽梦想的女子们，快快行动起来吧，不要让梦想只在你脑海中浮动，用行动证明你梦想的可能性！

## 为自己打工，养成认真的做事风格

在一个聪明人看来，先问付出、再问回报才是正确的选择，先为企业多做贡献、水涨自然船高。企业的水不涨，员工的船自然无法前行。

女人们，你有没有想过——自己工作是为了什么？

为了老板，为了薪水，为了面包，为了生存，为了养家糊口，为了……

答案五花八门，却没有一个选项是留给自己的。

一个女人应该明白，在你工作的时候，你是在为自己工作，自己进步了，能力提升了，你才会有更大的发展空间；你在为公司工作，没有公司与团队的支持，你就失去了实现自我的舞台；你也是为了责任而工作，没有责任，人生会失去支点。

汉斯和诺恩同在一个车间里工作，每当下班的铃声响起，诺恩总是第一个换上衣服，走出厂房；而汉斯则总是最后一个离开，他十分仔细地做完自己的工作，并且在车间里走一圈，确认没有问题后才关上大门。

有一天，诺恩和汉斯在酒吧里喝酒，诺恩对汉斯说："你让我们感到很难堪。"

"为什么？"汉斯有些疑惑不解。

"你让老板认为我们不够努力。"诺恩停顿了一下又说，"要知道，我们不过是在为别人打工，不值得这么卖命。"

"是的，我们是在为老板打工，但也是在为自己打工。"汉斯的回答十分肯定有力。

"我不过是在为老板打工。"这种想法有很强的代表性，在许多人看来，工作只是一种简单的雇用关系，做多做少、做好做坏对自己意义并不大。其实这种想法是完全错误的。建议从现在开始，把这种荒谬的想法扔到垃圾堆里。

工作不是为了老板，如果你始终认为你的工作只是应付老板，那你可能永远处于一种从属的地位，无法真正地认真工作。

有一个年轻人取得博士学位后，总是因工作岗位与自己的学历不相符，每天都奔波在求职的路上。最后，为了生计，他以大专学历在一家制造燃油机的企业担任质检员，薪水比普通工人还低。工作半个月后，他发现该公司生产成本高，产品质量差，于是他便不遗余力地说服公司老板推行改革以占领市场。

身边的同事对他说："你看你的薪水，你为什么要这么卖劲儿？"

他笑道："我这样是为我自己工作，我很快乐。"

几个月的改革使企业的利润增加了几千万美元，这个年轻人也因此晋升为副经理，薪水增加了几倍。

那些整日忙于抱怨的人没有时间和精力认认真真做好现在的工作，以致工作常常出现问题，使得上司不敢把重要的工作委托给他们。

成功者的经验告诉女人，不管你的能力有多强，你都必须从最基础的工作做起，脚踏实地地走好每一步。职场永远不会有一步登天的事情发生，任何人要想脱颖而出，唯一的机会就是把现在的工作做好，在普通平凡的工作中创造奇迹。

## 不糊弄工作，合格是最低的要求

一般人认为还可以接受的水准，对于认真工作、渴望成功的人而言，却是无法接受的低标准，他们会努力超越其他人的期望。在这样的追求过程当中，只要不是出类拔萃的表现，都不可能让人获得满足、让人心安理得。

两匹马各拉一辆木车。前面的一匹走得很好，而后面的一匹常停下来东张西望，显得心不在焉。

于是，人们就把后面一辆车上的货挪到前面一辆车上去。等到后面那辆车上的东西都搬完了，后面那匹马便轻快地前进，并且对前面那匹马说："你辛苦吧、流汗吧，你越是努力干，人家越是要折磨你，真是个自找苦吃的笨蛋！"

来到车马店的时候，主人说："既然只用一匹马拉车，我养两匹马干吗？不如好好地喂养一匹，把另一匹宰掉，总还能拿到一张皮吧。"于是，主人把这匹懒马杀掉了。

把马换成人，雇主肯定会把不称职的员工解雇。而剩下的那匹马，似乎表现得"自讨苦吃"，后来却成为主人不可替代的拉车马匹。

职场很多人也像这匹马一样，经常偷懒，糊弄工作，我们称为磨洋工。对于工作，敷衍了事，总是觉得做与不做一样，差不多就行了。

著名企业家奥·丹尼尔在《员工的终极期望》中这样写道：

亲爱的员工，我们之所以聘用你，是因为你能满足我们一些紧迫的需求。如果没有你也能顺利满足要求，我们就不必费这个劲了。但是，我们深信需要有一个拥有你那样的技能和经验的人，并且认为你正是帮助我们实现目标的最佳人选。于是，我们给了你这个职位，而你欣然接受了。谢谢！

在你任职期间，你会被要求做许多事情：一般性的职责、特别的任务、团队和个人项目。你会有很多机会超越他人，显示你的优秀，并向我们证明当初聘用你的决定是多么明智。

然而，有一项最重要的职责，或许你的上司永远都会对你秘而不宣，但你自己要始终牢牢记在心里，那就是企业对你的终极期望——

永远做非常需要做的事，而不必等待别人要求你去做。

这个被奥·丹尼尔称为终极期望的理念蕴含着这样一个重要的前提：企业中每个人都很重要。作为企业的一分子，你绝对不需要任何人的许可，就可以把工作做得漂亮出色。无论你在哪里工作，无论你的老板是谁，管理阶层都期望你始终运用个人的最佳判断和努力，为了公司的成功而把需要做的事情做好，而不糊弄工作。

有一个偏远山区的小姑娘到城市打工，由于没有什么特殊技能，于是选择了餐馆服务员这个职业。在常人看来，这是一个不需要什么技能的职业，只要招待好客人就可以了。许多人已经从事这个职业多年了，但很少有人会认真投入这个工作，因为这看起来实在没有什么需要投入的。

这个小姑娘恰恰相反，她一开始就表现出了极大的耐心，并且彻底将自己投入工作之中。一段时间以后，她不但能熟悉常来的客人，而且掌握了他们的口味，只要客人光顾，她总是千方百计地使他们高兴而来、满意而去。她不但赢得顾客的交口称赞，也为饭店增加了收益——她总是能够使顾客多点一两道菜，并且在别的服务员只照顾一桌客人的时候，她却能够独自招待几桌客人。

就在老板逐渐认识到其才能，准备提拔她做店内主管的时候，她却婉言谢绝了这个任命。原来，一位投资餐饮业的顾客看中了她的才干，准备投资与她合作，资金完全由对方投入，她负责管理和员工培训，并且郑重承诺：她将获得新店25%的股份。

现在，她已经成为一家大型餐饮企业的老板。

一个普通的餐馆务员之所以能够脱颖而出，关键在于在本职工作之外，她思考更多的是如何完善服务和实现服务的突破，而不是只达到一个最低的标准，只做一些老板交代的事。

如果公司的员工只做老板吩咐的事，老板没交代就被动敷衍，糊弄自己的工作，那么这样的公司是不可能长久的，这样的员工也不可能有大的发展。今天，对于许多领域的市场来说，激烈的竞争环境、越来越多的变数、紧张的商业节奏，都要求员工不能事事等待老板的吩咐。那些只依靠员工把老板交代的事做好的公司，就好像站在危险的流沙上，早晚会被淘汰、淹没。

所以，女人要想在职场中开辟出一番自己的领地，就需要不断提升自己的标准，把工作做得更完美。

# 对自己所做的一切负责

责任就是对自己要去做的事情有一种爱。因为这种爱，所以责任本身就成了生命意义的一种实现，就能从中获得心灵的满足。

人活在世上，不免要承担各种责任，家庭、亲戚、朋友、国家、社会。

一个不爱家庭的人怎么会爱他人和事业？一个在人生中随波逐流的人怎么会坚定地负起生活中的责任？这样的人往往是把责任看作强加给他的负担，看作是个人纯粹的付出而索取相应回报。

女人要想获得成功，就要努力培养自己的责任心，要对自己所做的一切负责，去爱你所做的，用心去完成自己的使命。否则在人生路上你很难得到自己想要的幸福。

在一个风和日丽的下午，一群孩子在公园里做游戏。在这个游戏中，有人扮演将军，有人扮演上校，也有人扮演普通士兵。有个小男孩抽到了士兵的角色，他要接受所有长官的命令，而且要按照命令丝毫不差地完成任务。

"现在，我命令你去那个堡垒旁边站岗，没有我的命令不准离开。"扮演上校的孩子指着公园里的垃圾房神气地对小男孩说。

"是的，长官。"小男孩快速、清脆地答道。

接着，"长官"们离开现场，男孩来到垃圾房旁边，立正，站岗。

时间一分一秒地过去了，小男孩的双腿开始发酸，双手开始无力，天色也渐渐暗下来，却不见"长官"来解除任务。

一个路人经过，看到正在站岗的小男孩，惊奇地问道：

"你一直站在这里干什么呢？下午进公园的时候我就看见你了。"

"我在站岗，没有长官的命令，我不能离开。"小男孩答道。

"你，站岗？"路人哈哈大笑起来，"这只是游戏而已，何必当真呢？"

"不，我是一名士兵，要遵守长官的命令。"小男孩答道。

"可是，你的小伙伴们可能已经回家了，不会有人来下命令了，你还是回家吧！"路人劝道。

"不行，这是我的任务，我不能离开。"小男孩坚定地回答。

"好吧。"路人实在是拿这个倔强的小家伙没有办法，他摇了摇头，准备离开，"希望明天早上到公园散步的时候，还能见到你，到时我一定跟你说声'早上好'。"他开玩笑地说道。

听完这句话，小男孩开始觉得事情有一些不对劲儿：也许小伙伴们真的回家了。于是，他向路人求助道："其实，我很想知道我的长官现在在哪里。你能不能帮我找到他们，让他们来给我解除任务。"

路人答应了。过了一会儿，他带来了一个不好的消息：公园里没有一个小孩。更糟糕的是，再过几分钟这里就要关门了。

小男孩开始着急了。他很想离开，但是没有得到离开的准许。难道他要在公园里一直待到天亮吗？

正在这时，一位军官走了过来，他了解情况后，脱去身上的大衣，亮出自己的军装和军衔。接着，他以上校的身份郑重地向小男孩下命令，让他结束任务，离开岗位。

这个男孩日后成了军队领袖。

责任无处不在，不管是一个看似幼稚可笑的游戏，还是一个严肃认真的任务，你在执行的过程中都应该意识到自己的责任。

每一个女人在生活中都扮演着不同的角色，一个角色就是一块责任地，从某种意义上说，角色饰演得是否成功就取决于你对职责的履行程度。社会是一个有着千丝万缕联系的复杂系统，无论你担任何种职务、从事什么工作，你对他人都负有不可推卸的责任，这是社会法则、道德法则、心灵法则。正视责任，让我们在绝望时绝不放弃。因为我们的努力和坚持不仅仅是为了自己，还是为了别人。

## 一盎司的忠诚相当于一磅的智慧

即便你的专业知识水平很高，但是如果你忠诚度不够，你想进入的集体还是会把你拒之门外，因为"不忠诚"给集体带来的损失要远远大于你可能给集体创造的价值。

忠诚是指个人对国家、对人民、对事业、对上级、对朋友等真心诚意，尽心尽力，没有二心，忠诚代表着诚信、守信和服从。作为领导者，谁不希望自己的下属忠心耿耿？作为朋友，谁不希望自己的伙伴忠心耿耿？作为夫妻，谁不希望自己的"另一半"对自己忠心耿耿？在一个团队中，忠诚的人比有能力的人更具有吸引力。

1933 年，正当经济危机在美国蔓延之时，哈理逊纺织公司因一场大火几乎化为灰烬。3000 名员工悲观地回到家，等待董事长宣布破产和失业风暴的来临。可不久他们收到了公司向全体员工支薪一个月的通知。 一个月后，正当他们为下个月发愁时，他们又收到了一个月的工资。在失业席卷全国、人人生计无着之时，能得到如此照顾，员工们感激万分。于是，他们纷纷涌向公司，自发清理废墟，擦洗机器。员工们使出浑身解数，日夜不停地卖力工作，恨不得一天干25个小时。3个月后，公司重新运转起来。当地报纸惊呼：企业对员工的忠诚换来的是员工对企业的忠诚，这是忠诚创造出的奇迹！

现在的社会变得越来越群体化，我们工作生活在一个又一个或大或小的集体里。既然是集体，那么每个人都要对集体负责，都要对集体忠诚，这样集体才能得到健康的发展，我们个人的价值也能得以体现。任何一个集体都不会欢迎朝三暮四、见异思迁的人加入，他们希望得到的，是那些能够把集体当成自己的家、把集体的事业当成自己的事业的人。所以，团体成员在考察一个人能否加入自己的团队的时候，"是否忠诚"已经成了一个重要的考核指标。

交际亦是如此。如果你想结交更多的真心朋友，就要与人坦诚相待。朋友之所以能够相互联系密切，靠的是信任，但谁会信任一个不忠诚的人呢？一个人拿着朋友的隐私到处传播炫耀，完全忘记了对朋友保密的承诺；面对面时说朋友百般好，背过身去又说朋友百般不是，这样的人最终会失去所有的朋友。没有了朋友，他的交际范围也就萎缩成自己一个点了。当然，忠诚不是单向的，而是双向的。如果你的上司对你不忠诚，你就没有必要为他拼死拼活地卖命；如果你的朋友对你不忠诚，你就有必要将他剔除出可信赖的朋友的名单。

我们待人接物，不要因为他人的背叛而放弃了自己的忠诚，女人要时刻记住阿尔伯特·哈伯德说的这句话："如果能捏得起来，一盎司忠诚相当于一磅智慧。"

## 把简单的小事做好就是不简单

在今天，随着社会分工越来越细和专业化程度越来越高，一个要求精细化的管理和生活的时代已经到来。职场中，我们要努力培养自己关注细节、做好小事的精神。

在这个充满诱惑的时代，人人都渴望成功。几乎所有人都梦想一觉醒来就变成世界首富。如果说在物质贫乏的时代，阻碍人们走向成功的首要原因是人们没有梦想、不敢梦想的话，那么现在，阻碍人们成长和成功的正是这些不切实际的梦想。

浮躁的工作态度使人们难以沉住气做好每一天的工作。他们认为现在的工作太平淡乏味，根本不值得自己投入精力去做，对待工作敷衍了事，能应付就应付，能推诿就推诿。整日不是抱怨上司不识"千里马"，就是为自己的"怀才不遇"愤愤不平、牢骚满腹。

浮躁、沉不住气的员工将希望完全寄托在"伯乐"身上，认为之所以在这家公司遭受挫折，原因就在于没有"伯乐"发现自己。这家公司没有"伯乐"，如果继续在这家公司待下去，那么自己的"卓越才能"肯定会被埋没，唯有离开这家公司，进入有"伯乐"的公司，自己才有出头之日。正是抱着这种寻找"伯乐"的思想，他们不断跳槽，希望以此改变自己的职业轨迹。可如此跳来跳去，不但没有越跳越高、实现自己的远大梦想，相反却因为能力不足而蹉跎了整个人生。

人们开玩笑总爱说"地球离了谁都照样转"，工作也是一样，没有了这个员工，会有更合适的人去把这份工作做得更好，而员工丢了工作却要从头开始，继续投身应聘大军，寻找工作。

女人要知道，任何一家公司都不会因为某个人的离去而影响正常运转，若是自命清高，糊弄工作，损失最多的还是自己。因此，无论你的能力有多强，你都不应好高骛远，而必须沉住气，用心对待在职的每一天，做好每件事。职场永远不会有一步登天的事情发生，任何人要想脱颖而出，唯一的机会就是把现在的工作做好，在普通平凡的工作中逐渐积累经验，磨炼自己的能力，增长自己的学识，从而获得职业发展的机会。

海尔总裁张瑞敏曾说：把每一件简单的事做好就是不简单，把每一件平凡的小事做好就是不平凡。在海尔集团，本着"严、细、实、恒"的管理风格，要求每一位职员都把细和实提到重要的层次上，以追求工作的零缺陷、高灵敏度为目标，把管理问题控制在最短时间、最小范围，使经济损失降到最低，逐步实现了管理的精细化，消除了组织管理的死角，大大降低了材料的消耗，使管理达到了及时、全面、有效的状况，每一个环节都能透出一丝不苟的严谨，真正做到了环环相扣、疏而不漏。而近些年不少组织的大起大落也在于：虽其规章制度不可谓不细、不严、不实，但往往说在口上、定在纸上、钉在墙上，职员就是落实不到行动上。可见，做好每一件小事至关重要。

女人要想在关键时刻脱颖而出，就要在平时多关注细节，它会给你带来意想不到的成功！

## 积极主动，乐于做分外的事

你可以不做自己职责范围以外的事，但是你可以选择自愿去做，以驱使自己快速前进。率先主动是一种极珍贵、备受看重的素养，它能使人变得更加敏捷，更加积极。

在柯金斯担任福特汽车公司总经理时，有一天晚上，公司里有十分紧急的事，要发通告信给所有的营业处，所以需要全体员工协助。不料，当柯金斯安排一个书记员去帮忙套信封时，那个年轻的职员傲慢地说："这不是我的工作，我不干！我到公司里来不是做套信封工作的。"

听了这话，柯金斯一下就愤怒了，但他仍平静地说："既然这件事不是你分内的事，那就请你另谋高就吧！"

这个青年因为不愿做分外的事而失去了工作。

女人要想纵横职场、取得成功，除了尽心尽力做好本职工作以外，还要多做一些分外的工作。这可以让你时刻保持斗志，在工作中不断地锻炼自己，充实自己。当然，分外的工作，也会让你拥有更多的表演舞台，让你把自己的才华适时地表现出来，引起别人的注意，得到老板的重视和认同。

在工作上，常常有这样的员工，他们认为只要把自己的本职工作干好就行了。对于老板安排的额外的工作，不是抱怨，就是不主动去做。这样的员工，自然不会获得升职加薪的机会。

卡洛·道尼斯先生最初为杜兰特工作时，职位很低，现在已成为杜兰特先生的左膀右臂，担任其下属一家公司的总裁。他之所以能如此快速升迁，秘密就在于"每天多干一点"。

有人曾经拜访道尼斯先生，并且询问其成功的诀窍。他平静而简短地道出了个中缘由：

"在为杜兰特先生工作之初，我就注意到，每天下班后，所有的人都回家了，杜兰特先生仍然会留在办公室里继续工作到很晚。因此，我决定下班后也留在办公室里。是的，的确没有人要求我这样做，但我认为自己应该留下来，在需要时为杜兰特先生提供一些帮助。

工作时杜兰特先生经常找文件、打印材料，最初这些工作都是他自己来做。很快，他就发现我随时在等待他的召唤，并且逐渐养成招呼我的习惯……"

杜兰特先生为什么会养成召唤道尼斯先生的习惯呢？因为道尼斯主动留在办公室，使杜兰特先生随时可以看到他，并且诚心诚意为他服务。这样做获得了报酬吗？没有。但是，他获得了更多的机会，使自己成功赢得老板的关注，最终获得了提升。

与之相反的是那些永远没有机会提升的员工，他们在抱怨老板对他们不公平的同时，是否想到下面的场景：

"啊，终于下班了！"甚至在下班前的半个小时，就已经收拾好案头，只等铃声一响，就像归巢的燕子一样回家。

"老板，我的专职工作是搞设计的，您让我多干些别的，那可是分外的事啊！要么给我奖金，要么我不干！"

"加班，加班，怎么老有干不完的活儿？真是烦死了！"

"算了，不是我的事，我才不管呢！"

"千万别多揽事，工作上多一事不如少一事，干得多，错得多，何苦呢？"

……

女人如果也有类似的言语甚至是心理，那么就不要抱怨机会降临不到你的头上。

一个人在工作上只注重全心全意、尽职尽责是不够的，还应该比自己分内的工作多做一点，比别人期待更多一点；如此可以吸引更多的注意，给自我的提升创造更多的机会。

无论你是管理者还是普通职员，"每天多做一点"的工作态度能使你从竞争中脱颖而出。你的老板、委托人和顾客会关注你、信赖你，从而给你更多的机会。

每天多做一点工作也许会占用你的时间，但是，你的行为会使你赢得良好的声誉，并增加他人对你的需要。

每天多做一点，初衷也许并非为了获得报酬，但往往获得更多。

第八章

## 以花开的姿态，
## 迎接生命的逆流

## 命运出错时，坚强是人生天平最重的砝码

生活不是设定好的旅途，一切都能尽在你掌握。在你的人生道路上可能存在着挫折甚至灾难，你是选择软弱地承受，还是坚强地面对？命运出错，你不能错，选择坚强，你才为自己的人生天平选择了最重的砝码。

幸福的人生是类似的，不幸的生活各有不同。命运不是早就调整好的精密仪器，它偶尔也会犯错。这个时候，苦难就降临到了我们头上。对苦难，有些女人只以眼泪当武器，结果溺死在自己的眼泪之中。那些选择坚强的女人，虽然她们没有男儿惊天动地的气概，但是她们在接受命运女神挑战的时候，一定会赢得最终的胜利！

2008 年北京奥运会中，一位叫作纳塔莉·杜托伊特的女子游泳运动员赢得了大家的赞赏。不是因为她获得了冠军，而是因为她的顽强性格感动了我们。

24 岁的南非选手纳塔莉·杜托伊特 7 年前遇到了车祸，事

后杜托伊特左腿膝盖以下部分被截肢，这一 2000 年仅以毫厘之差无缘悉尼奥运会的女子混合泳冠军的希望之星，转瞬之间成了一位肢残者。人们都认为她的运动生涯就此结束了，然而 3 个月后，她重返泳池，开始学习用一条腿游泳，但她很难保持平衡，于是她决定主攻不需要太多依赖打腿动作的长距离游泳。1 年后杜托伊特在英联邦运动会上闯进女子 800 米自由泳决赛。2008 年 5 月，她在世锦赛上夺得女子 10 公里马拉松游泳第 4 名，一举"游"进北京奥运会。

决赛中，杜托伊特在 25 名参赛选手中最终位列第 16 位，但她并不满意自己的表现："有些失望，我应该能进前五，对于一名久经赛事的选手来说，这是不能原谅的。我不想无偿地得到什么。我是为梦想而来，梦是自己给自己的，而不是别人给的。"

纳塔莉·杜托伊特的形象是北京奥运会中最感人的画面之一，"独腿的美人鱼"让我们看到了坚强所赋予人们的巨大潜力。

凤凰卫视的一位美女主持刘海若，主持过《凤凰直通车》，是一位很有风度的主播和记者，深受观众的喜爱。2002 年 5 月 8 日，她与同伴在英国遭遇火车出轨意外事故，经英国医院抢救后，被判定脑干死亡。后来，医生发现她还能够自主呼吸，脑死亡的结论才被推翻。此时，凤凰同行一起为海若祈祷着，他们相信海若能够创造奇迹，"因为她是这样坚强的一个人"。果然，在顽强的求生欲望下，海若从死亡线上走下来。在康复治疗中，海若也表现出了非同一般的坚强，康复的速度之快让医生都感到惊奇。后来，她重返凤凰，负责凤凰的海外节目。

无论是纳塔莉还是刘海若，她们在苦难面前所现出来的坚强让所有人崇敬。抱怨人生不公、感叹自己是上帝的"弃儿"的人，应该在这样的女性面前感到惭愧。

引用鲁豫的一句话："我们都不完美，但我们都要体验生命带给我们的冷暖悲喜。"无论是悲是喜，一颗坚强的心就是你最重的砝码。

## 处变不惊，笑对人生中的逆境

处变不惊，方能笑对人生中的逆境。面对幸运的美德是节制，面对逆境所需要的美德是坚韧。

在现实生活中，我们常看到这样的女人，她们会因自己角色的卑微而否定自己的能力，因自己一时身处逆境而放弃为梦想而努力。如此一来，原本可以走出困境、取得成就的她们，就这样被流于世俗，成为社会底层的平庸者。其实，我们完全可以处变不惊，笑对人生中的逆境。

霍兰德说："在最黑的土地上生长着最娇艳的花朵，那些最伟岸挺拔的树林总是在最陡峭的岩石中扎根，昂首向天。"坚强的女性不会被磨难吓倒，反而把它们当作将逆境变成成功路的前奏。

正如孟子所说：天将降大任于斯人。历览世间成大事者，皆是经历了一番寒霜苦的结果，没有人能够绕过。苦难可以培养浩然正气，孕育卓越英才，成就辉煌人生。

在 20 世纪 60 年代，香草出生在一个贫穷的山村家庭。她也曾渴望着与同龄人一起背着书包坐在课堂里聆听老师的教诲。然而，窘迫的家庭经济条件还是让她失去了上学读书的机会。尽管如此，大山里那灵性的凝聚让她拥有了智慧；山间那陡峭的小路磨炼了她的意志，让她懂得了坚强；纯朴民风的熏陶，让她有了博大的胸怀。长大成人后的香草凭借自己的勤奋努力，成为了村里同龄女孩子中的佼佼者。经人介绍，她与本乡的一位技艺精湛的年轻石匠走到了一起。

婚后不久，丈夫为了尽快改变贫困的生活条件，惜别新婚的爱妻，走出大山，凭借手艺独闯江湖。而香草则留守家中，耕作田地，照顾父母，抚育孩子。当改革的春风吹遍大江南北，商海的大潮汹涌澎湃的时候，善于观察事物捕捉信息的她，精明地看到了大山蕴含的商机。于是她筹措资金，一边料理家务，一边早出晚归，从林户手中收购木材，做起了长途木材贩运的生意。

机遇总是垂青那些有准备的人，而抓住机遇的人总是在辛苦中第一个尝到甜头。财富在两点一线的运输中聚集，心中埋藏已久的建造一幢当地少有的"洋房"的最高目标也在夫妻俩的埋头苦干中拔地而起。家庭的美满幸福在一对儿女的欢笑声中回荡着，在村民的羡慕中他们感到欣慰，勤劳致富带来的甜蜜使这对夫妇憧憬着美好的未来。

然而，月有阴晴圆缺，人有旦夕福祸。灾难总是在人们毫无思想准备的情况下突然降临。一天，当香草为孩子做好饭后，又去押运运输木材外出销售。由于陡峭的简易机耕路崎岖不平，路基在雨水的浸泡下松软，驾驶员遇到紧急情况又处置不当，运输车不慎翻入近30米的山涧中。坐在驾驶室里随车押运的香草在车子的翻滚中不幸被摔出，腰部和左腿被车上滚落的木头砸伤，左脚的胫骨和腓骨两节粉碎性骨折，鲜血直流，一度昏迷。

因伤势过重，香草被送往市医院，随又转往上海市人民医院住院治疗，先后花去医疗费用几十万元。尽管如此，她还是落下了终身残疾。两腿长短不一，最后不得不再做手术安装假肢，成为了肢体残疾人中的一员。就在香草与厄运抗争的过程中，老天爷又似乎在捉弄她、考验她、摧毁她。

在香草进行治疗恢复期间，丈夫骑摩托车外出办事，被汽车撞倒，受伤昏迷路边，幸好被路过的好心人救起，送往县医院治疗，腿部也受伤致残。原本健康的两个人，而今双双成为了残疾人。更令人心酸的是，夫妻俩呕心沥血建造的"洋房"，由于地质灾害造成的山体滑坡，顷刻间被掩埋和摧毁。接二连三的飞来横祸，使香草原本富裕的家庭变成了"一穷二白"。

人是要有点精神的。面对残疾，她最终没有低头，用自强不息的精神激励自己；面对病痛，她最终没有退却，以热爱生活的态度锐意进取；面对残酷的命运，她最终没有倒下，以惊人的毅力克服困难，继续弹奏催人奋进的乐章。她依靠县残联和当地党委政府及村委会的无微不至的关怀与支持，以多付出于常人一倍甚至是几倍的辛苦，从家庭作坊开始一步一步地走上了规模经营和自强致富之路。

一个绝不向命运屈服的女强人，如今已是一个木制品公司老总的香草长发披肩，笑容可掬。她没有叹息岁月的年轮在她脸上刻下的深深印痕，没有嗟叹岁月的风霜染白了双鬓，在她不屈的灵魂、生命的乐章里，每一个音符都凝结着深沉和豪放，每一个音符里都阐述着坦诚和希望，每一个音符里都升华着绚丽和辉煌。

生命的美在于拼搏和创造。英国科学家贝弗里说过："人最出色的工作在于逆境情况下做出，思想上的压力，甚至肉体上的痛苦，都可能成为精神上的兴奋剂。"理想的花，要靠汗水浇灌，汗水是滋润灵魂的甘露，双手是理想飞翔的翅膀。

很多女人在生活中遇到变故时，总会不停地埋怨："为什么是我？上天对我太不公平了。"即使流尽眼泪、哭瞎眼睛，依然无济于事，对事情没有任何帮助。与其如此，不如选择坚强积极面对。

前事不忘，后事之师，能够笑对逆境中的女人，永远是生活的强者。因为她们明白，每一次不幸并非都是灾难，逆境通常是一种幸运。与困难作斗争为日后面对更大的人生挫折积累了丰富的经验。

巴尔扎克曾说："苦难对于天才是一块垫脚石。对于能干的人是一笔财富，对弱者是一个万丈深渊。"逆境是一个人的炼金石，有人在逆境中站得更直，也有人在逆境中倒下，这其中的差别，在于个人是消极逃避还是坦然面对。站起来便能成就更好的自己；倒下的自怨自怜悲叹不已的人，注定只能继续哭泣。

　　一些在风雨中、苦难中挣扎的女性，走进她们的内心世界，才体验到生活的路原来坑坑洼洼、坎坷崎岖，她们的生命却有着更美丽的色彩。

　　困难是磨炼英雄的炉锤。如果不是它的敲打，又怎么会有锋利的宝剑？当困难来临时，女人应该多一些淡然，多一些冷静和沉着，成功的脚步也就走得更快、更稳。

## 痛苦不过是成长路上的营养

生活是一枚硬币，一面是欢乐，一面是痛苦，通常你只能看到一面，但是别忘了，马上就轮到下一面了。绝望放弃的时刻，不论对于生命还是信念，再等一等，再坚持一下吧，下一秒，也许你的硬币就会翻面。

每个女人都希望有着漂亮的外貌、丰富的内涵，希望拥有一份体面而赚钱的工作，希望嫁一个英俊潇洒的男人过着幸福而甜蜜的生活……没有人不想幸福快乐地生活。然而现实生活不尽如人意，我们却经常不能左右生活，因为痛苦烦恼总是不期而至，尽管我们无法逃避，但我们可以把痛苦看作成长路上给予的营养。

玛丽亚原本有一个幸福的家庭、爱她的父母。快乐长大后的玛丽亚，万万没有想到有一天，她的生命中会遭受如此的痛苦。

正在上大学的玛丽亚和一个男人相爱了。天真的她以为爱情就是一切，死心塌地地爱着那个男人，当这个男人发现她怀孕后，却无情地抛弃了她，并不负责任地一走了之。学校知道玛丽亚未婚先孕的事情后，通知了她的父母。

一时间，同学们都在对她指指点点，好像在说这是一个坏女孩。而父母更是无法接受女儿的这种不知羞耻的行为，拒绝让女儿进入家门。玛丽亚无法在学校待下来，又遭受了爱情和亲情的抛弃，绝望之下想到离开这个世界。

她站在300米高的大桥上，俯瞰脚下碧波万顷，她没有恐惧，心凉如水。抚摸着微隆的肚子，那里隐隐传来的一息脉动给她最后的温暖，细密的雨打湿了她的头发，顺颊而下的水珠泪珠又冻结了这一点微温。

这一天，似乎是玛丽亚生命中最灰暗的一天，她却在最痛苦的时候重新看到了生活的希望。在玛丽亚自怜自伤的时刻，她能感到不远处有一双眼睛望着她。她转身看到一个清秀的年轻男子。这样的天气爬上这样高的大桥，除了他俩，再没第三个人。他们彼此心照不宣，来到这里的人，绝不会是为了悠闲地看风景。

四目交汇的瞬间，玛丽亚看到那双眼睛里盛满了浓得化不开的哀伤，还有一丝疑惑关切，她仿佛看到另外一双自己的眼睛。于是，身处同样境地的两人似乎有了惺惺相惜之情，开始了交流。

通过交谈，玛丽亚了解到他也是一个万念俱灰的可怜人，他青梅竹马的未婚妻在婚礼前几天突遇车祸身亡。

"玛丽亚，你比我幸运，你失去的只是一个不爱你也不值得你爱的人；而我失去的是一个真心相爱的人，而且永远没有挽回的余地了。"

"拥有一份真爱，就没有遗憾，是你比我幸运！我的生活里只有背叛和抛弃。为了你的未婚妻，为了她在天堂能安息，你也应该勇敢地活下去，不该这样颓废。"

"是的，时间也许可以帮助我，也一定会帮助你，没有什么问题是解决不了的，你还这么年轻，还会有美好的感情在前方等着你……"

他们是一对准备抛弃余生的人，所以他们都把彼此当最后一个聊天对象，聊了很久。谈话中彼此发现一个比自己更痛苦不堪的人，同时，他们也意识到自己的痛苦在别人眼里不过是一粒尘埃。于是，他们彼此鼓励，决定勇敢面对自己的不幸，然后他们手牵手从危险的桥上慢慢下来……

人生只有经历不幸才会体会幸福，才会懂得珍惜生活。在每个女人的一生中，总会有一个人让你笑得最甜，也总会有一个人让你痛得最深。忘记一切，就是最好的善待自己。人生的过程不过就是失与得，看淡了也就轻松了，一切不过是过眼云烟，如果真的忘不了，就默默地珍藏在心底的最深处，藏到岁月的烟尘触及不到的地方……

快乐从来不是永恒的，痛苦也只是个过程，没有谁能拒绝春天来临，没有谁能永远都做好梦。漫漫旅途中，或许感到疲怠，也许有些沉重，总是逃不开痛苦的羁绊，但只要有一份美丽的心情，就会觉得欣慰，就会充满自信。

在心态好的女人眼中，痛苦只是一粒微不足道的尘埃，它可以给予成长的营养，让我们走得更顺畅。让我们保持一份雅致的心境，好好地珍惜人生，尽情地拥抱生活，虽然辛苦，也会咀嚼出甘甜与芬芳的神韵！

## 人生自有沉浮，淡定地面对人生低谷

面对低谷，每个人都应该学会忍受生活中属于自己的一份悲伤，只有这样，你才能体会到什么叫作成功，什么叫作真正的幸福。

人生难免有起伏，没有经历过失败的人生不是完整的人生。低谷自有低谷的风景，低谷是一种奇妙的人生历程，它教会我们等待、忍耐和奋斗。淡定的女人总是以百折不挠的意志去面对困难，不管风吹浪打，胜似闲庭信步，以一种平常心去面对挫折，迎接你的必将是山巅的无限风光。

在时间的长河里，经历了人生的繁花似锦后，女人如果不再浮躁，就能用从容的心态包容一切，总是微笑着面对困难、面对环境。相信人生自有浮沉，能够淡定地面对人生低谷。

智慧的女人从容面对低谷，她们相信：苦难的果实，可能是屈辱，也可能是财富。当苦难战胜了你时，它就是你的屈辱；当你战胜了苦难时，它就是你的财富。试想一下：或许，低谷只是上天安排的让你休息的机会。放慢脚步，每天留一点时间，从从容容看看湛蓝的天空、看看飘舞的秋叶、看看冬雪晶莹……你会发现，低谷中原本也有值得珍惜的事物。

"世纪老人"冰心是一位温暖豁达的老人。她的名言是："有了爱就有了一切。"她的一生言行，她的全部几百万的文字，都在说明她对祖国、对人民无比的爱心和对人类未来的充沛信心。她喜爱中华民族和全人类经过历史积淀下来的一切优秀文化成果。她热爱生活，热爱美好的事物，喜爱玫瑰花的神采和风骨。

她的纯真、善良、刚毅、勇敢和正直，使她在海内外读者中享有崇高的威望。让人感动的更是冰心面对人生低谷时的坦然。在她的身上，总会感到一种身心的净化，会受到一种圣洁的感染。在她的身上，看到的永远是一个人生命力的旺盛，看到的是一颗跳动了近百年的、在思考、在奋斗的年轻的从容的心。

"文革"中，冰心也是在劫难逃。造反派由于找不到冰心的政治罪名，于是给她戴了两顶奇特的帽子：一是"洋奴右派"，一是"司徒雷登的干女儿"。冰心曾当众辩解说：外国没有干女儿这一说。尽管如此，她被当作"牛鬼蛇神"关押在"牛棚"中饱受侮辱与折磨。

每天早晨，身材瘦弱的冰心被勒令从西郊民族学院的住处赶来清扫文联大楼的女厕所，近七十岁的老人，冬天冒着严寒，夏天顶着酷暑，总是在天刚刚亮时就赶到，替红卫兵小将们打扫已被他们弄得臭烘烘的厕所。每天来文联大楼串联的人非常多，经过一整天，厕所脏得要命，但冰心是做事极为认真、一丝不苟的人，她把厕所打扫得非常干净。

20世纪70年代中期，冰心有一些被安排的外事活动，但那时的气氛依然是严峻的，朋友很为她担忧，生怕她再遭毒手，问她如果海外人士问你在"文革"的遭遇，你如何回答？她微笑着说："我告诉他们，红卫兵小将跟我辩论母爱，我写文章赞扬过母爱自然是错了，我向他们认错就是。"冰心老人将她心中的苦轻轻一言带过，留下的让人慢慢回味。

晚年的冰心，虽然行动不便，但她还是坚持每早起床就大量阅读报刊，了解文坛动态，然后就握笔为文，小说、散文、杂文、自传、评论、序跋，各种体裁无所不能，无所不写。在遗嘱里她还写下了这样的句子："我悄悄地来到这个世上，也愿意悄悄地离去。"

多么从容淡定的一个人！笑看人生的低谷。从容的女人总是善待人们、善待生命的。从容的女人即使老去，她的心也是不老的。她总是会不断地运用智慧寻求生活的乐趣。智慧、文雅、内秀成了她们心灵不老的秘方……如果能从容优雅地老去，对于一个女人来说该是怎样的一种造化。

好心态的女人不会苦求着毫无意义的名利，不再奢求华墅豪车、山珍海味。衣食无忧、家庭和美、身体健康才是最大的幸福，幸福的人生，就是对那一份平淡生活的执着坚守！

## 在苦乐的流转轮回中悠然看待过往

最大的生活哲学莫过于敬畏生活，敬畏生活就是好好地活下去，在苦乐轮回中悠然地看待过往，让自己过得快乐和洒脱。

林语堂先生说："人生譬如一出滑稽剧。有时还是做一个旁观者，静观而微笑，胜如自身参与一分子。"的确，人生充满了悲欢离合，每个人都是可以从悲苦中看到欢乐，在悲中看到喜，于拘束中感到自由，于刻薄慵懒里寻找到惬意。

在整个生命的过程中，无论我们面对的是怎样的境遇，无论是欢喜还是悲伤，生离还是老去，都是一个过程，都是每个人必须走的路。既然必须经历，就应该勇敢地走下去，去享受这一切。淡定的女人懂得珍惜和敬畏生命，而不会任悲伤放大、让痛苦蔓延。

黄美之本名黄正，作家。曾就读南京金陵女子大学，后又转到广州中山大学就读，次年随母亲、姐姐到台湾，在台湾进入孙立人创立的女青年大队。黄正继而担任孙立人的英文秘书，两人发生婚外情缘。不久与其姐姐黄珏因为受到孙立人牵连，以"泄露军机"罪名坐牢10年。

1960年出狱后，移居美国洛杉矶。50年来，她用独特的生命历程和写作情感，持续创作着游记、小说、散文等文学作品。

台湾"解严"后，姐妹俩获得平反，各获新台币400万元的冤狱赔偿。黄美之拿这笔钱设立了"美国德维文学会"。黄美之于1963年与在台工作的美籍涉外官员傅礼士结婚，育有一女。

10年牢狱，让她的生活陷入谷底。一连串波折后，她感悟到："虽未能使我世事洞明，倒也了解了及时行乐。"谈及她的文学创作，她风趣地说，平日里练书法、作画、写作，但字不如画，画不及写作。一旦进入写作天地，就会自我陶醉，忘乎一切，感觉到激情澎湃。

这些年来，她创作了《烽火丽人》《不与红尘结缘》《伤痕》《八千里路云和月》《尘沙》《深情》《欢喜》《流转》等作品。至今，她还乐此不疲地在电脑上写作。

黄美之在随夫辗转的日子里，感受过印第安人的乡土风情，体验过阿香地族的凳子文化，品味过柬埔寨首都金边的悲情，欣赏过东非肯尼亚的维多利亚湖，考证过墓石镇的不涕山，畅游过安哥洼大庙，朝圣过葡萄牙的法蒂玛村。

当谈到与孙立人的那段感情时，她说："仰慕英雄，也有恋父情结。事后可以很理性地分析，可是当时不知道，就是陶醉。

清醒了很难过，不得了，闯了祸了。当时很矛盾，很珍惜，也很想逃离。我很明白我还有前途要奔走，我很珍惜孙将军的柔情蜜意，但也不能辜负我父母的期望。"

提到与其姐姐黄珏因为受到孙立人牵连，以"泄露军机"罪名坐牢 10 年，她淡然表示，"凭良心讲，我谢谢蒋经国先生，他把我拽出来了。不过关太久了。如果关一两年，我感谢万分；10 年太多了。不过还是谢谢他硬是把我拽出来，因为有了感情是很难分离的。"

黄美之的一生，可以说是一路风雨，遭受过 10 年的牢狱之苦，也随丈夫到过各地周游，同时她还是一名华人作家。虽然已是 80 多岁高龄，黄美之却有着敏捷的思维、乐观的心态、孩童般的纯真。回首往事时，她慨叹良多。

一个人可以温和，却不能没有骨气；可以理智，却不能冷血；他应是哲人也是诗人，是斗士也是学者；能冷眼旁观，也可古道热肠。这样的人才是饱含深情的热爱生活的人，而生活，也会回馈给他最精彩的人生。

一个勇敢地放淡生活悲苦的女人，才是生活的智者，才能体会到生活里的那丝甘甜，才能享受繁忙和浮躁的生活表面下的闲适与逍遥。

六年前，袁圆和老公从贵州老家来到深圳打拼，没想到老公经不起外面世界的诱惑，跟情人私奔了。袁圆在一家私营企业里打工，孤身一人带着儿子艰难地维持着生活。但祸不单行，命运又一次捉弄着她：企业亏损严重，不得不宣布破产。真可谓雪上加霜，怎么办？儿子正在读高中，马上就要考大学了，到时候，一年的费用需要一两万元，袁圆明白，她必须用自己柔弱的肩膀担起这个家，把儿子拉扯大，抚养成人。

可是，当她拿着自己的简历，跑了十几家公司，却没有被一家录用。满大街都是大学生，谁肯接收她这个只有高中文化的中年妇女呢？一筹莫展的袁圆只好在家政公司找了一份钟点工的工作。但无论她怎样努力地工作，这份微薄的收入也难以维持她和儿子的日常开支。

无奈之下，袁圆决定背水一战，拿出所有的家底儿买了一辆六成新的二手车，考取驾照一个月后，做起了黑车拉客的生意。她也清楚，这样做意味着冒很大风险，但是她走投无路，只能孤注一掷了。

第一天上路，袁圆心慌意乱，手脚也不听使唤了，她在心里默念着，千万别出意外，可越怕有事它就越来事儿，在一个红绿灯口，袁圆那辆破车就跟她较上了劲儿，怎么也启动不了了，眼看后面的车队排起了长龙，阻塞了交通，她急得满头大汗，六神无主，只好走下车来，连声道歉，并求助后面的司机帮她把车开到了路边。

经过一段时间的锻炼，袁圆很快就驾轻就熟了。一天早上，袁圆的车上上来了一个朴素的中年男人，按照他的吩咐，袁圆很快把他送到了目的地。男人付了钱，临下车时很礼貌地对她说："大姐，你可以在这儿等我一下吗？一会儿我办完事，还坐你的车！"

袁圆欣然应允。时间一分一秒地过去了一个多钟头，在这期间，袁圆放走了很多客人，可中年男人还没有出现，袁圆心想：他不该是忽悠我吧？看他的举止谈吐，应该不是，还是再等等吧！终于，袁圆等待了三个小时，中年男人才从写字楼里出来了，他看到静静等候在路边的袁圆，十分讶异："你怎么还在这里？我以为你早就走了呢？"袁圆说："既然答应了你的事，我就要信守承诺。"

袁圆的话感动了这个男人，这个中年男人就是袁圆现在就职的公司的老总，也是袁圆的现任老公。

袁圆经历了人生的苦乐，现如今，回眸一笑，能够悠然地看待过往。一位哲人说："当幻想和现实面对时，总是很痛苦的。要么你被痛苦击倒，要么你把痛苦踩在脚下。"每个人对人生的意义领悟不尽相同，但睿智的女人会把自己的一生看作等待与希望的苦乐人生，当她们悄然的经历了岁月，会蓦然发现一切——不过是悠然过往。

# 看淡人生沉浮事，一蓑烟雨任平生

　　人生十有八九不如意。其实，人活着就是一种心态，当你心无旁骛，淡看人生苦痛，淡泊名利，心态积极而平衡，有所求而有所不求，有所为而有所不为，不刻意掩饰自己，不用势利逢迎他人，才能找回真真正正的自我。

　　心态好的女人会淡然地看待人生的沉浮事，一蓑烟雨任平生。如此这般，人生就算失意，也会无所谓得与失，坦坦荡荡，真真切切，平平静静，快快乐乐。自然的存在本来就有缺憾，事事顺达毕竟是少数。纵观历史古今，但凡做出大成就者必经大挫折、大磨难，方才悟出生命的真谛。

　　1056 年（北宋嘉祐元年），20 岁的苏轼首次出川赴京，参加朝廷的科举考试。翌年，他参加了礼部的考试，以一篇《刑赏忠厚之至论》获得主考官欧阳修的赏识，却因欧阳修误认为是自己的弟子曾巩所作，为了避嫌，使他只得第二。

　　1061 年（北宋嘉祐六年），苏轼应中制科考试，即通常所谓的"三年京察",入第三等,为"百年第一",授大理评事、签书凤翔府判官。后逢其母于汴京病故,丁忧扶丧归里。1069年(北宋熙宁二年)服满还朝,仍授本职。

苏轼入朝为官之时,正是北宋开始出现政治危机的时候,繁荣的背后隐藏着危机,此时神宗即位,任用王安石支持变法。苏轼的许多师友,包括当初赏识他的恩师欧阳修在内,因在新法的施行上与新任宰相王安石政见不合,被迫离京。朝野旧遇凋零,苏轼眼中所见,已不是他二十岁时所见的"平和世界"。

苏轼因在返京的途中见到新法对普通老百姓的损害,又因其政治思想保守,很不同意参知政事王安石的做法,认为新法不能便民,便上书反对。这样做的一个结果,便是像他的那些被迫离京的师友一样,不容于朝廷。于是苏轼自求外放,调任杭州通判。从此,苏轼终其一生都对王安石等变法派存有某种误解。

苏轼在杭州待了三年,任满后,被调往密州(山东诸城)、徐州、湖州等地任知州县令。政绩显赫,深得民心。

这样持续了大概十年,苏轼遇到了生平第一祸事。当时有人(李定等人)故意把他的诗句扭曲,以讽刺新法为名大做文章。1079年(北宋元丰二年),苏轼到任湖州还不到三个月,就因为作诗讽刺新法,网织"文字毁谤君相"的罪名,被捕入狱,史称"乌台诗案"。

苏轼坐牢103天,几次濒临被砍头的境地。幸亏北宋时期在太祖赵匡胤年间即定下不杀士大夫的国策，苏轼才算躲过一劫。

出狱以后，苏轼被降职为黄州（今湖北黄冈市）团练副使（相当于现代民间的自卫队副队长）。这个职位相当低微，并无实权，而此时苏轼经此一役已变得心灰意冷，苏轼到任后，心情郁闷，曾多次到黄州城外的赤壁山游览，写下了《前赤壁赋》《后赤壁赋》和《念奴娇·赤壁怀古》等千古名作，以此来寄托他谪居时的思想感情。于公之余便带领家人开垦城东的一块坡地，种田帮补生计。"东坡居士"的别号便是他在这时起的。

宋神宗元丰七年（1084），苏轼离开黄州，奉诏赴汝州就任。由于长途跋涉，旅途劳顿，苏轼的幼儿不幸夭折。汝州路途遥远，且路费已尽，再加上丧子之痛，苏轼便上书朝廷，请求暂时不去汝州，先到常州居住，后被批准。当他准备南返常州时，神宗驾崩。

年幼的哲宗即位，高太后听政，以王安石为首的新党被打压，司马光重新被启用为相。苏轼复为朝奉郎知登州（蓬莱）。四个月后，以礼部郎中被召还朝。在朝半月，升起居舍人，三个月后，升中书舍人，不久又升翰林学士知制诰（为皇帝起草诏书的秘书，三品），知礼部贡举。

当苏轼看到新兴势力拼命压制王安石集团的人物及尽废新法后，认为其所谓"王党"不过一丘之貉，再次向皇帝提出谏议。他对旧党执政后暴露出的腐败现象进行了抨击，由此，他又引起了保守势力的极力反对，于是又遭诬告陷害。

苏轼至此是既不能容于新党，又不能见谅于旧党，因而再度自求外调。他以龙图阁学士的身份，再次到阔别了十六年的杭州当太守。

苏轼的后半生依旧是浮浮沉沉，飘飘荡荡，他却能以一颗淡然的心去面对。正是如此，才有了那一首千古绝唱："莫听穿林打叶声，何妨吟啸且徐行。竹杖芒鞋轻胜马，谁怕？一蓑烟雨任平生。料峭春风吹酒醒。微冷，山头斜照却相迎。回首向来萧瑟处，归去，也无风雨也无晴。"

林语堂先生曾经总结过苏东坡的一生，说他既当过"高考状元"，也有过偶像崇拜；既喜爱西湖的美景，又不忘河豚的鲜美；既写诗填词作文章，又挥汗弯腰种过田；既荒唐地向神求雨，又严肃地兴修水利；既对亡妻一往情深，又对歌女百般爱怜；既深夜醉酒，又早起灭蝗；既对命运有所抱怨，又对人生充满感激……看他一路走过，犹如欣赏绝美的画卷，倾听起伏的乐章……

苏东坡的一生，始终游走在入世、出世和遗世之间。正是经历内心中剪不断、理还乱的纠结，最后才醒悟。身处浮世之中，我们要有一个正确的心态，才可以让生命如虎添翼。抽出一切浮躁在心中的恶水，注入一股清新的泉流，还一个清静的灵魂，容江海于天下。

心态好的女人在寻求真正的幸福时往往遵循自然起伏变化

规律，尊重内心的意愿，不强求自己，做自己应该做的事情。看淡人生沉浮事，一蓑烟雨任平生，这不一定是老年人方有的境界。一个女人，如果你的经历足够丰富，你的头脑足够睿智，你的心胸足够豁达，你也可以安然地在竹林细雨中，何妨吟啸且徐行。

# 口水自干——淡定地面对别人的嘲笑

对待善意的嘲笑，我们可以一笑而过，完全没有必要计较。针对那些恶意的嘲笑，我们要灵活对待。

生活中，很多女性朋友特别在意他人对自己的看法，害怕自己的行为引起他人的嘲笑或非议，因而她们总是小心翼翼地做人，谨慎地做事，这样活得太累了。甚至有的女人面对众人的口水，去无端怀疑自己，将自己的人生放在别人的舌头之下。其实，只要我们淡然地面对别人的嘲笑，自然会口水自干。

每个人都难免会遇到来自他人有意或无意的嘲笑。多数女人面对这种情况，往往会生气，会发怒，甚至会做出一些冲动的行为，来报复或打击别人对自己的嘲笑。事实上，面对别人的嘲笑，与其生气，我们还不如保持宽广的胸襟，让自己有点雅量，这不仅是一种做人智慧，更能让自己享受不生气的活法。

有时候，嘲笑者就是希望从被嘲笑对象的窘迫、狼狈、恼怒等反应中获得快感。这时，我们可以对嘲笑或挖苦的语言报之一笑，甚至是根本不理。这样一来，嘲笑人的人无法达到想要的目的，自然就不了了之。

如果是你的熟人或同事开一些无伤大雅的玩笑，如果你完全不理会嘲笑并不是最佳选择。因为如果你不给予回应，会被嘲笑者认为不解风情，给人以木讷、死板的印象。这时最好的选择是：他们嘲笑你什么，你就主动承认什么，主动自嘲。

他生于美国长岛一个海滨小村庄。5 岁那年，他们全家搬迁到纽约布鲁克林区，父亲在那儿做木工，承建房座，他在那儿也开始上小学。由于生活穷困，他只读了 5 年小学，便辍学在印刷厂做学徒了。工作虽然辛苦，却没有阻止他爱上浪漫的诗歌，他像发疯一样，没日没夜地写。

1855 年 7 月 4 日，他自费出版了第一本诗集，初版印了 1000 册。薄薄的小书只有 95 页，包括十二首诗和一篇序。绿色的封面，封底上画了几株嫩草、几朵小花。他兴奋地拿了几本样书回家，弟弟乔治只是翻了一下，认为不值得一读，就弃之一旁。他的母亲也是一样，根本没有读过它。一个星期之后，他的父亲因风瘫病去世，生前也没有看过儿子的作品。

拿出去卖，很可惜，一本都没卖掉。他只好把这些诗集全都送了人，但也没有得到好评。著名诗人朗费罗、赫姆士、罗成尔等人则不予理睬，大诗人惠蒂埃把他收到的一本干脆投进火里，林肯看后也险些给家里的女流们烧掉。

社会上的批评更是铺天盖地，对他一大堆臭骂。伦敦《评论》报认为"作者的诗作违背了传统诗歌的艺术。他不懂艺术，正像畜生不懂数学一样"。波士顿《通讯员》则把这本诗集称为"浮夸、自大、庸俗和无种的杂凑"，甚至写他是个疯子，"除了给他一顿鞭子，我们想不出更好的办法"。连他的服装、相貌都成为嘲笑的对象，"看他那副模样，就能断定他写不出好诗来"。

铺天盖地的嘲笑和谩骂声，像冰冷的河水，浇灭了他所有的激情。他失望了，开始怀疑自己：我是不是根本就不是写诗的料？就在他几近绝望时，远在马萨诸塞州康科德的一位大诗人被他那创新的写法、不押韵的格式、新颖的思想内容打动了。大诗人随即写了一封信，给这些诗以极高的评价：

"亲爱的先生，对于才华横溢的诗集，我认为它是美国至今所能贡献的最了不起的聪明才智的菁华。我在读它的时候，感到十分愉快。它是奇妙的、有着无法形容的魔力、有可怕的眼睛和水牛的精神，我为您的自由和勇敢的思想而高兴……"

这真诚的夸奖和赞誉，一下子点燃了作者心中那将要熄灭的火焰。他从此坚定了自己写诗的信念，一发而不可收。

他成为具有世界声誉和世界意义的伟大诗人，他唯一的诗集也成了美国乃至人类诗歌史上的经典。他就是现代美国诗歌之父——瓦尔特·惠特曼，那部诗集的名字叫《草叶集》。而当年那位写信对他予以赞美和鼓励的诗人，叫爱默生。

爱默生说："在我的眼里，没有野草，野草只是还没有被发现用处的植物。"所以，当惠特曼沉浸在对自己的失望的痛苦中时，他根本就没有意识到自己正在创造人类的奇迹，而他自己也已经成为了全世界最伟大的诗人之一。

睿智的女人面对嘲笑有一种潇洒和自信，她们不会冲动地反击或报复，而是以淡定的心态面对恶意的攻击和排斥，进行必要的沟通和了解，具体情况具体分析。

严格说来，"偏见只是一个无知的孩子"，只是一个惯性思维所犯下的经验性错误，所以我们应该以优雅淡定的姿态来对待别人的嘲笑，对待生活中的这一点儿不公平，而无须把事情想得太复杂，更无须对别人的嘲笑抱有敌意。

每个人都有可能被别人扣错第一颗扣子，但是我们没有必要为此扣错余下的所有扣子。要相信：真相总会水落石出，所以做一个优雅的女人，淡定地面对别人的嘲笑，时间会给嘲笑者一个有力的回击。

# 悲观的乌云遮不住阳光

失望的尽头总会有新的希望产生，乌云的背后一定藏着太阳，风雨之后总有彩虹。在最深的绝望之中，永远隐含着希望。

生活中，我们都有这样的体验：天空突然阴沉下来，紧接着大片的乌云直压过来，然后是一阵狂风骤雨向大地袭击而来。很快，地面潮湿了，雨水汇集成河。正当人们为出行而困扰时，天空突然有一道彩虹划过，太阳露出了笑脸。

同样的道理，在人生的道路上，也会有乌云弥漫的人生低谷，但只要我们以积极乐观的态度去战胜磨难，就算我们失去了一切，只要一息尚存，你就没有丝毫的理由绝望。因为在绝望的尽头，一定有希望在等候。悲观的乌云遮不住阳光。

心态好的女人从不轻易向生活妥协，不会轻言放弃，因为她们心存美好，坚信生活会越来精彩。20 世纪的女作家张爱玲的一生完整地诠释了悲观给女人带来的负面影响是多么巨大。

张爱玲一生聚集了一大堆矛盾，她是一个善于将艺术生活化、生活艺术化的享乐主义者，又是一个对生活充满悲剧感的人；她是名门之后、贵族小姐，却宣称自己是一个自食其力的小市民；她悲天悯人，时时洞见芸芸众生"可笑"背后的"可怜"，在实际生活中却显得冷漠寡情；她在40年代的上海大红大紫，几十年后，她在美国又深居简出，过着与世隔绝的生活。所以有人说："只有张爱玲才可以同时承受灿烂夺目的喧闹与极度的孤寂。"

这种生活态度的确不是普通人能够承受或者理解的，但用现代心理学的眼光看，其实张爱玲的这种生活态度源于她始终抱着一种悲观的心态活在人间，这种悲观的心态让她无法真正地融入生活，因此她总在两种生活状态里不停地左右徘徊。

张爱玲悲观苍凉的色调，深深地沉积在她的作品中，使其作品产生了巨大而独特的艺术魅力。但无论作家用怎样流利俊俏的文字，写出怎样可笑或传奇的故事，终不免露出悲音。那种渗透着个人身世之感的悲剧意识，使她能与时代生活中的悲剧氛围相通，从而在更广阔的历史背景上臻于深广。

张爱玲所拥有的深刻的悲剧意识，并没有把她引向西方现代派文学那种对人生彻底绝望的境界。个人气质和文化底蕴最终决定了她只能回到传统文化的意境，且不免自伤自恋，因此在生活中，她时而在世俗的喧嚣中沉浸，时而又陷入极度的寂寞中，最后孤老死去。

张爱玲的悲剧人生让我们看到了悲观对一个人的戕害是多

么惨重。可现实中生活从来就不会一帆风顺，社会的阴暗不公、生活的颠沛流离、爱情的怅然若失、事业的壮志难酬，这一切都让我们感到无助和悲伤。

当我们什么也抓不住时，就会对人生失去信心，甚至从失望变为绝望，从而产生悲观的心理。要知道，悲观不过是自酿的苦酒，让人更加麻木，看不到生活的希望。这时，我们要做的就是相信自己，相信黑暗之后必是曙光，相信乌云遮不住阳光。

几米曾说："我掉入井中，在最深的绝望里，却低头看到了满眼的星光。生活总是给我们接二连三的困难，让我们疲惫绝望。"有时候，我们只要换个姿势来看待，你会发现，即使身处绝望，你的周围还是会有最美的风景。绝壁上盛开的花朵永远比寻常的更为妖娆。

一个失意的人爬上了一棵樱桃树，准备从树上跳下来，结束自己的生命。就在他决定往下跳的时候，学校放学了。

成群的小朋友跑了过来，看到他站在树上，一个孩子问："你在树上做什么？"总不能告诉小孩要自杀吧！于是，他说："我在看风景。""那你有没有看到身旁有许多樱桃？"另一个孩子问道。他低头一看，发现原来自己一心一意想要自杀，根本没有注意到树上真的结满了大大小小的红色樱桃。"你可不可以帮我们采樱桃啊？"孩子们央求道，"你只要用力摇晃树干，樱桃就会掉下来。拜托啦！我们爬不了那么高。"

失意的人有点儿意兴阑珊，但是又拗不过孩子们，只好答应帮忙。他开始在树上又跳又摇。很快，整棵树的樱桃纷纷掉下来。越来越多的孩子兴高采烈地聚过来，大家兴奋又快乐地拣着樱桃。樱桃差不多掉光了，孩子们嬉笑着谢过他，慢慢散去了。那个失意的人坐在树上，看着孩子们欢乐的背影，自杀的心情和念头都没有了。他采了一些还没掉下去的樱桃，慢慢地走回了家。

再次回到家时，他看到的仍然是那破旧的房子，与昨天一样的老婆和孩子。但是孩子们看到爸爸带着樱桃回来了都很高兴。他看着孩子们吃着樱桃那欢快的样子，忽然有了一种新的体会和感动，他想：或许这样的生活还是可以过下去的吧！

黑夜之所以黑暗，只是因为我们没有发现星光与明月；人生之所以绝望，只是因为我们没能找到生活的精神支柱。须知"世界上没有绝望的处境，只有对处境绝望的人"。

乐观的女人在迷茫时不会悲观失望，她们相信也许在下一秒钟，人生就会有转机，在下一个转角就会看到峰回路转；通过下一次努力，生活就会柳暗花明。因此，我们要抱有坚定的信念：莫要让悲观的乌云遮住心头的阳光，人生最美的风景、生活最大的惊喜，总是被遗忘在那最深的绝望处。

人生最悲惨的不是一无所有，而是陷入悲观的情绪；人生最大的失误不是陷入绝境，而是对脱离绝境的彻底绝望。请相信，悲观的乌云永远遮不住阳光。悲观的女人们，请多给自己一个笑脸，多给自己一份肯定，生活会还你一个灿烂的晴天。

## 严冬过后必是暖春

有远见的女人不会为眼前的挫折而恐惧，她们在不断前进的人生中能看得见未来，因为明天的方向已留存于她的希望之中，她知道自己的人生将走向何方。

四时有更替，季节有轮回，严冬过后必是暖春，这是大自然的发展规律。在我们人类眼中，事物的发展似乎也遵循着这一条规律，否极泰来、苦尽甘来、时来运转等成语无不反映了人们的一种美好愿望：逆境达到极点就会向顺境转化，坏运到了尽头好运就会来到。

有一只平凡的蜗牛整日窝在洞里睡觉，因为它实在无法忍受寒冬的袭击，又冷又饿的它伸出头，然后慢慢地爬出洞口，可是没有人注意到它冻得哆嗦的样子。为了抵抗寒冷和饥饿，它知道自己必须动起来，否则不是冻死在外面就是饿死洞里。

于是，这只蜗牛不停地爬呀爬呀，不仅是想找到可以充饥的食物，而且运动可以给它的身体增加能量。就这样，蜗牛自己也不知爬了多长时间，走了多远的路。

这天，这只蜗牛来到一棵大树下寻找食物。当树的周围留下一圈圈黏黏的痕迹后，它还是一无所获。蜗牛满脸悲哀地抬头望着分叉的树枝，心想今天又要饿肚子了。

突然，它的视线停止了，蜗牛看到了一幅美丽的画面，牵牛花的藤条绕着树的枝叶缠了一圈儿又一圈儿，朵朵花儿居高临下，显得异常优雅。

蜗牛心里痒痒的，一个奇妙的想法萌芽了。它要爬上大树，与那些花儿共同沐浴午后的阳光。蜗牛立刻为这个想法付诸了行动。它沿着大树的树干向上爬了起来，尽管掉下来很多次，它还是坚持不懈地向上爬着。

不知经过了多少个夜以继日，蜗牛终于来到了牵牛花盛开的地方，它的身体已经伤痕累累，而且意外地发现在花朵下面有一些碎面包屑，也许是蚂蚁掉落的。就这样，蜗牛填饱了肚子，靠在牵牛花旁惬意地享受着明媚阳光的照耀。

天无绝人之路，生活有难题，同时也会给我们解决问题的能力与方法。小小的蜗牛就相信，熬过寒冷的冬天，就是温暖的春天。聪慧的女人又何尝不明白这个道理。有人说过："失败是成功之母。"的确，有人之所以成功，大多是经历了多次的失败。

所以，我们坚信，挫折和困境只是暂时的，只要以顽强的毅力和意志坚持下来，总有一天会收获成功。淡定的女人总是坚强乐观地面对生活的不幸和变故，同时也对生活充满希望，有了信心与希望，无论事情多么糟糕，我们都会有面对现实的勇气和决心。

世事无常，每个女人都可能遭遇人生的低谷和生活的变故，遇见生命中不期而至的困难时，我们要相信严冬过后必是暖春，相信自己会有一个无可限量的未来。挫折和成功像一对孪生兄弟形影不离，每一次的挫折都可能孕育着成功的种子。

约翰是一个汽车推销商的儿子，他活泼、健康，热衷于篮球、网球、垒球等运动，是中学里一个众所周知的优秀学生。后来约翰应征入伍，在一次军事行动中，他为救战友们试图将一颗炸弹扔开，自己的右腿右手全部被炸掉了，左腿也变得血肉模糊，必须截掉了。一瞬间他想哭，却哭不出来，因为弹片穿过了他的喉咙。人们都以为约翰再也不能生还，他却奇迹般地活了下来。

在生命垂危的时候，约翰在心中激励自己："如果你懂得苦难磨炼出坚韧，坚韧孕育出骨气，骨气萌发不懈的希望，那么苦难终于过去，成功总会到来。"在这种信念的支撑下，他心中始终保持着不灭的希望。

回国后，他从事了政治活动。他先在州议会中工作了两届。然后，他竞选副州长失败。他并没有因此而沮丧，因为他相信，只有耐心熬过人生的低谷，才能迎来人生的巅峰。于是，他驾驶了一辆特制的汽车跑遍全国，发动了一场支持退伍军人的事业。34 岁那一年，总统命他担任全国复员军人委员会负责人，他是在这个机构中担任此职务最年轻的一个人。约翰卸任后，回到自己的家乡。1982年，他被选为州议会部长，1986年再次当选。

后来，约翰成为亚特兰大城一个传奇式人物。人们可以经常在篮球场上看到他摇着轮椅打篮球。他经常邀请年轻人与他做投篮比赛。他曾经用左手一连投进了18个空心篮。一个只剩一条手臂的人能成为议会部长，能被总统赏识担任一个全国机构的要职，是他的顽强的意志给予了他力量。

睿智的女人知道，人们是以你自己看待自己的方式来看你的。你对自己自怜，人家则会报以怜悯；你充满自信，人们会待以敬畏；你自暴自弃，多数人就会嗤之以鼻。约翰之所以能够生存下来并创造事业的辉煌，是因为他坚信人生没有过不去的坎儿，坚信冬天之后春天必会来临。他在困难面前没有低头，昂首挺进，直至迎来了生命的春天。

生活并非总是艳阳高照，狂风暴雨随时都有可能来临。有些人畏惧困难，不是逃避就是妥协，以失败而告终。有些人不畏艰难，迎难而上，尝到了成功的喜悦。亲爱的女性朋友们，在追求梦想的路上，我们需要将自己重新打理一下，以一种勇敢的人生姿态去迎接命运的挑战。请记住，冬天总会过去，春天总会来到，我们一定会生活得更好。

**图书在版编目（CIP）数据**

你若盛开，清风自来 / 文德著 .-- 北京：中国华
侨出版社，2019.9（2020.8 重印）
　　ISBN 978-7-5113-7981-8

　　Ⅰ．①你… Ⅱ．①文… Ⅲ．①人生哲学—通俗读物
Ⅳ．① B821-49

　　中国版本图书馆 CIP 数据核字（2019）第 185575 号

## 你若盛开，清风自来

著　　　者：文　德
责任编辑：高文喆　史蒙娇
封面设计：冬　凡
文字编辑：郝秀花
美术编辑：刘欣梅
经　　销：新华书店
开　　本：880mm×1230mm　1/32　印张：8　字数：180 千字
印　　刷：三河市骏杰印刷有限公司
版　　次：2020 年 4 月第 1 版　2021 年 4 月第 3 次印刷
书　　号：ISBN 978-7-5113-7981-8
定　　价：38.00 元

中国华侨出版社　北京市朝阳区西坝河东里 77 号楼底商 5 号　邮编：100028
法律顾问：陈鹰律师事务所
发 行 部：（010）88893001　　传　　真：（010）62707370

如果发现印装质量问题，影响阅读，请与印刷厂联系调换。